BLOOMING TRIVIA

成就渺小而伟大的人生

苏菲儿 著

上海人民出版社

目　录

Chapter I

—Key words：母爱／生命

—序语：亲爱的小孩，今天有没有哭？

Chapter II

—Key words：态度／自我

—序语：铁了心做自己，一路荆棘丛生

Chapter III

—Key words：社会 / 道德 / 价值观

—序语：杂乱纷繁的人世间

Chapter IV

—Key words：食 / 物 / 絮 语

—序语：一叶一菩提，

成就渺小又伟大的人生

Chapter V

—Key words：爱情／婚姻

—序语：关于爱情，都只是听说，可谁又舍得放弃传说
        中的目眩神迷

自 序

　　语言所能表达的，不及内心所念所想之分毫，而人类历经有语言历史的这漫长岁月，却从未放弃过表达——文学、美术、电影、音乐，各种艺术形式，到称不上艺术的载体。可人类这份表达自我的努力却依旧没有感动上天，以至于每一个人，都在被误解。

　　2016 年夏末秋初，一个人在美国，百无聊赖之际，决定开始写微信公众号，分享生活的点点滴滴林林总总，安放那些矫情而无用的心情。

　　我是一个在网络上有些絮叨的人，喜欢在朋友圈刷刷存在感，悲春伤秋嘤嘤嘤一番。而一本正经来说，私底下却完全不是那样矫情的人。

　　写点什么呢？不是特别擅长讲故事的人，但周遭人的人生倒是充满了"事故"。于是身边的人、身边的事、所听所闻所想，成了那絮絮叨叨的主体。

有些人，自诩有点阅历，其实所谓"阅历"，是生活上不得已地吃过一些苦，便瞧不上那生活优裕为情所困的；有些人，有点远大的目标，便轻视过小日子的人，要指手画脚一番。而不管我们愿不愿意承认，嫌贫爱富才是大多数人的基调，再善良老实的人内心深处也是自私利己的。

张德芬在她的灵修普及书《遇见未知的自己》中差不多这么表述过："这世间的事情，只分为两种，自己的事和老天的事。你只需要管好自己的事，其他的事，请留给上天。"

于是，对于绝大多数身边的议论、质疑，我虽有一百种婉转亲切又和善的回应说辞，搭配尴尬又不失礼貌的微笑，心里真实的对白却只有"关你屁事关我屁事"这八个字。

时不时有人私下来问，你写的这个朋友、那个亲戚、这个路人、那个认识的明星，到底是谁？当然，答案也蕴含在公众号名字的这八字箴言里。

生活并不全然是美好的，有许多人、许多事也都无从比较。

"你更喜欢这个人还是那个人呢？你更喜欢这里的生活还是那里的生活呢？"

我答不上来。

当我们无从选择时，最体面的做法莫过于接受现实并假装享受它。

　　在日复一日的希望失望再希望、愉悦悲伤再愉悦的循环往复中，所有的人都是殊途同归的——过了奈何桥、喝了孟婆汤，便再也记不起今生为谁辛苦为谁甜。当然，我们绝大多数的人既然不能选择立刻去死，还得就着这不紧不慢的步伐过完短暂又漫长的一生。那不如为自己、为身边的人、为这个世界带去多一些美好的东西。

　　而我，在这里也只希望这絮絮叨叨的文字，为你们带去的亦是些许美好。

得失之间，又是一年。

Chapter I

—Key words：母爱／生命

—序语：亲爱的小孩，今天有没有哭？

一岁半

时间流逝对于每个人来说总有着一种或长或短的不明确感。今天是我生下儿子 18 个月的日子，这 18 个月对我来说，既像一个世纪般漫长，又似眨眼般转瞬即逝。而对时间这样的感受存在于我对以往很多事情的回忆之中。

已经不再是出生时不足 3 公斤那红红皱皱的婴儿，他现在会叫"妈妈妈妈"，会说"没有没有"，会爬上爬下。

上天如此仁慈，给予他生命，并赋予他成长的力量。

几天前，与一位挚友闲谈，他说做了爸爸以后，突然对"死"有了某种恐惧，会觉得母亲年纪大了，会在夜深人静时联想到一些突如其来的意外和死亡的瞬间。

也许，我们真的都长大了。

小孩子出生之后，我总与母亲在一起，像连体婴般。比过往三十年自我有记忆以来的任何时刻都亲密。也正因为如此，我也恐惧有一天失去母亲，自己独自一人生活在这世上，这孤独感好似掉进宇宙黑洞般令人窒息。

但是，我们每一个人赤身裸体来到这个世上，欢天喜地迎来自己的下一代，哭天喊地送别那个把我们带来这世上的人。更有不幸的人，要在有生之年眼看自己的孩子离开这个世界。离别的过程是如此不可回避，这般残忍。可命运有它自身的安排，不明缘由。

脑中盘旋过这一大圈的生生死死，眼前熟睡的像天使般的胖小孩实在可爱。

佛说世间无永恒，任何事物都是无常且短暂的。快乐稍纵即逝，悲伤也会走。人之所以痛苦，就是贪恋永恒。得到快乐时，不愿接受它迟早会走的现实。

当我们内观心中当下的快乐和满足，喝一杯水体会到它的甘甜，闻一朵花带来的馨香。这一刻既是人间天堂，也是应当被好好珍惜的当下。

值此我亲爱的小孩满18个月之际，愿世人远离求而不得的苦痛，愿我们都学会珍惜当下、善待父母、善待身边人。

02

善 良

万圣节快到了，美国大农村到处都是金灿灿的大南瓜，好天气去附近的南瓜农场走动走动也可以度过些许美好的秋日时光。

周末去了离家 30 公里的 Centennial Farms，沿途风景有山有水令人很是心旷神怡，小小的农场种南瓜田和苹果树，养了两条年纪很老的大黑狗。稻草人和雕刻好的南瓜已增添了很浓的节日气氛。

那天去了很多小孩，两三岁是孩子最最可爱的年纪。摸摸地里的大南瓜、拖个平板车、坐个拖拉机都让他们兴奋不已。

大人们准备了 pumpkin muffins（南瓜松饼）和饮品。

初秋的早上有点冷，于是拿了三个松饼放在椅子上，准备就着点心喝个热咖啡再去田里玩玩。小孩子拿起其中一个松饼，孩子对甜食感兴趣，本稀松平常，但出人意料的是，他竟然把第一个拿给了我母亲，第二个才放进自己嘴里。这个小小的举动令我母亲很是感动。

一个才20个月大的小婴孩已经懂得分享、懂得无私。心中自然很感恩学校教育得好，也希望孩子一直都能这么善良。

回想我们很小的时候就读"孔融让梨"的故事，老师和父母也都会教我们，无私与分享，皆是美德。

可是，随着我们长大，越来越深入人心的道理却是——这个社会，你老实，是没有用的，是要被人欺负的。不是教你坏，是教你懂得保护自己。

随着我们长大，我们每个人都吃过很多善良的亏，受过很多无私的苦。

因为很善良，所以被人利用，因为不舍得别人受伤害，所以委屈了自己。

反过来想，我们每个人心里不也都住着一个"恶人"吗？

去超市买水果，我也想拿走最新鲜的那袋；去花店买花，也希望自己买到的是最美的那一束；如果有一个很好的工作机会，就算你对对手感到抱歉，也不可能轻易拱手让人；如果你中意的那个人也有人喜欢，你会不会就此放弃？

成年人的世界不再只有南瓜松饼那么简单了，我们要取舍的东西关系着我们的前途、利益、幸福。我们好像只能做"恶人"，才能在这个成年人的世界里生存下来，漂漂亮亮地活下来。

一个很尊敬的前辈，是个专业人士，学富五车、旅居海外多年。总喜爱对历史时政评头论足义愤填膺一番，黑即是黑、白即是白，却被妻子亲友笑称"愤青"。

一日同他闲聊，他说看了我的一篇博文，顿时"茅塞顿开，幡然悔悟"。

好奇问他是什么样的"金玉良言"？

"小孩子才说对错，成年人只讲利弊。"

嘻嘻哈哈之后，心中怅然，成年人的世界，如此悲哀。

做小孩真好，他们的世界只要一颗糖一块饼，就是幸福了。

亲爱的小孩，人生路那么长，愿你可以保持无私善良，很久很久。

03

托儿所

2017 年秋末冬初，国内一线城市的幼儿园虐童事件频发，一夜之间舆论哗然。

鼓起很大的勇气打开网上的视频，看了一分钟不到便关了，气得浑身发抖，泪也要涌出来。受害孩子的母亲指着施暴者声泪俱下地控诉，身体都站不稳需要旁人搀扶，这是怎样的心痛和打击，为人父母的，绝对可以感同身受。

话说回来，我的小孩是早在 18 个月不到就开始送托儿所的，虽然在虐童事件之后身边的质疑声更多了，来自亲戚朋友邻居等等那些"关心"着我们的人。更有朋友在朋友圈立帖为证"决定把孩子在家里养到五岁再送学校"。

然而，上海这个地方，以房价为首，什么都贵。自从生了小孩子，对请育儿嫂和保姆的行价也会竖起耳朵听听，从每个月5千人民币起跳，我身边最贵的付到一万多。

O.M.G. 简直刷新了我对雇佣行业的三观！

亲爱的朋友们，因噎废食是不对的，让我们洋气点，把你请育儿嫂的钱拿来付学费送孩子去好一些的托儿所好吗？

我的小孩在上海去了一家台湾人经营的早教中心，早上8点托到下午5点。

离家近，去学校看了一次，就定下来了。

在国内这种六个大人围着一个小孩转的大环境下，把路还没走稳的 baby 送学校是要顶着各方压力的。

"家里没人带啊？可怜的哦！"

"早点去接他哦，要吃不饱的，带点点心给他回家路上吃……"

"怎么弄伤了啦？去找老师问问怎么回事！"

等等等等……我只想说，我后悔没早点把他送去。

第一周每天早上的离别都很 dramatic，哭得撕心裂肺，也很快就开始生病发烧，感染一些孩子之间会传染的病。

但是，这个过程，你三岁把他送学校或者四岁送，都是要经历的。人生嘛，难免最初的一阵痛。

去了学校没两天，小孩子有一次在家，又去厨房打开了垃圾桶，我一个箭步冲上去阻止他乱翻，没想到，他把手里的垃圾丢进去，然后盖上盖子。

当时我简直惊了！自问没有这个本事像学校老师那么会教。

两个月后，我们去了美国，几天倒完时差后，我又把他送学校了。一开始也是可怜兮兮，还不会说话的孩子，也听不懂别人说什么，哭得更厉害。

可过了没多久，他已经开始享受学校生活。学校有各种玩具和设施，环境其实比起家里容易磕磕碰碰的家具要安全许多。

很快，尚在牙牙学语 20 多个月的孩子会说 hi，please，thanks.

把不满三岁的孩子送去学校，国内的人有很多不同的观点，反对声音最大的是"孩子还很小，他不会说话，学校照顾不好怎么办？"

其实，对孩子的照顾，不是无微不至事无巨细才是最最好，只要保证安全，多吃点少吃点吃好点吃差点都不应该太计较。

美国学校的教育更加粗犷，小孩子时常回来腿上有擦伤或者蚊虫叮咬，老师也只是轻描淡写。转头想想，受一点点小小的皮外伤并不会影响他的成长，他们在外面玩沙子爬树林简直 happy 得要上天。

更何况，我始终坚信，绝大部分幼教的老师们都是出于爱孩子才投身这个行业的。只要是以爱孩子为出发点的，我们就应该放心把孩子交给他们。更何况，现在通讯如此发达，微信发发照片和视频，非常方便。

最关键的是，小孩子在学校过集体生活，他才会学会分享和包容，他才会知道这个世界不是只围着他转。

我们都希望自己的小孩受到最好的照顾，但是，我们应该更希望他们是快乐健康有大爱的。

你指望一个保姆教会他这些，很难。

04

说再见

上海已经连着好多天雾霾严重。喉咙不舒服，头一次戴口罩出门，也不知道能防多少 PM2.5，或只是寻个心理安慰吧。

想起多年前刚知道雾霾那阵，结识一男，每次出来都要戴口罩，说 PM2.5 会造成永久伤害。约会了几次就不再联系了，喜欢重视健康的人，但太过惜命的就爱不起来了。

与朋友叙旧，多年未见。最后一次出来玩时，我还在过晚出日归神魂颠倒的日子，现在我每天清晨 6 点起床、一日三餐按时规律。那时他刚被女朋友甩了，心中苦闷需要朋友做伴，现在换了几份工作，前任早已是前前前任。

只是，现实生活有时堪比韩剧，精彩无比。

朋友问我是否还记得那时女友跟他分手、他很是伤心的时候。

"当然记得，被人甩了，自然不甘心。"我调侃道。

"可是，你不知道的是，她死了。"

气氛有些凝结，我以为朋友在说笑。（我也希望前任去死。）

原来，朋友那时的女友得了绝症，家人瞒着她，后来病情恶化、瞒不住了，女孩知道自己命不久矣，不想让男友伤心，故决绝分手。

朋友知道真相的时候，已是半年后女孩去世。

事情过去了，朋友的叙述已经很平静。之后他也结交过别的女友，现在也在认真追求有好感的女孩。现实的生活还是比韩剧好的，我们不会孤独终老，时间会冲淡一切。再轰轰烈烈崩塌的世界也是可以重建的。

朋友说现在心仪的女生在留学，他去探望了她，很是浪漫痴情的样子。

碰巧的是，那所学校也是我的母校。在不知名的英国小城，学校在华人圈最出名的除了排名蒸蒸日上的商学院和传媒专业，春天盛开的烂漫樱花，就剩哥哥张国荣了。

那时，年轻的 Leslie 未出道、未出柜，安安静静地在整日刮风下雨的英伦学着设计。

这听起来像一个传说。求学时，想到这样的传奇巨星曾在你走过的路、坐过的教室、吃过的餐厅留下过足迹，心中不免荡漾，那是真的。

如今，物是人非。

每一天都有一些事情发生，我们遇见什么新的人，送别什么的旧的人。可往往，我们会说"你好"，却不懂如何说"再见"。

跟前男友分手的时候，不管理智如何控制情绪，彼此还是说了很多负气的话。

分开后，很长一段时间，我总做着相似的梦——我们两个人面对面坐着，膝盖对着膝盖这样近，我说"分开之前，我想跟你说、有很多很多话跟你说。"

每次梦醒，是怅然若失，梦中我有很多很多话想要说，但其实，分手已是定局，自己也不知道能说什么。

几年前，有一出舞台剧，叫《最后14堂星期二的课》。教授走到人生的尽头，他的一位学生来他家里上了最后14堂课，每一次都在星期二。

这部剧探讨我们如何在人生中说再见。

只是，道别，很难。

人生的生离死别，任凭你如何盔甲武装，道"再见"，也终究是无奈无措的。不如好好珍重每一次相逢。

⬤05

人事 天命

受邀观看了舞台剧版《商鞅》的首映。

开场，面临被五马分尸的商鞅，一句"我不服天命"，气势磅礴。

开演前，收到家人辞世的消息。不意外，与病魔争斗了很久，与所有人一样，置身其中，便希望奇迹发生在自己家人身上，可惜的是，之所以称为"奇迹"，一般人不得见。

一片黑暗的剧场中，那种"人终究殊途同归"的宿命感变得愈发强烈。意外或明天不知哪个先来的宿命，时时刻刻围绕着我们。

与你一同生活过、爱过的人终有一天会离开这个世界，留下的只有一些会随岁月淡忘的回忆和时不时缠绕心头的遗憾，这就是尚且活着的人所要承受的幸与不幸。

对那些在病逝前受尽折磨吃尽苦头的人，虽总想说一句"早知结果还是如此，不如不要去治，吃吃喝喝过完人生最后的时光。"可惜的是，但凡是个人，有求生的欲望，不到最后时刻，便不会放弃，这是人面对生活应当有的态度，亦是生为人的幸与不幸。

过世的人大抵总会提醒在世的人们珍惜生命、及时行乐。但是，怎么个"行乐"法呢？健康的人总以为自己要活个天长地久，所以总念着多赚点钱、找一个条件好些的人成家、买一套市区的房子、不要贷款，这样将来的生活便可得到保障。

倒也是一点也没有错。

与前同事聊天，聊了一些旧识的近况，例如生活如何、工作的新去向等等。同事说："很多年后才发现，当初很在意的东西，现在看来不过是以前的自己太年轻，人终究是殊途同归的。"

我们并无就"殊途同归"再做深入的探讨。聊生死，并不适合同事之间。她想表达的更多的是那些追逐名利的过程与结果看似轰轰烈烈，但人最终追求的不过是在这世间走一遭的成就感与幸福感吧。

小时候的一个朋友，出身名门，相貌堂堂，人生闪耀着金光。一个很平常的日子开着自己的小型飞机，还没飞多久飞机就掉下来了。得知他的死讯是在第二天的报纸上，那时心想，前一秒他可能还与朋友约了晚上的聚餐，转眼就灰飞烟灭了。

　　这才是人生吧。位高权重的工作也好、爱人对将来的承诺也好、市中心的豪华公寓也好，都只不过是极有可能被"意外"取代的、还没有到来的"明天"。

　　唯有看透这人生的无常，才能更用心活好当下的每一分每一秒，用尽全力去爱自己爱身边的人。

06

太多　太少

　　长辈做寿，最开心的无非是堂房的兄弟姐妹能聚在一起。长大了各忙各的，越来越少有机会这样。哥哥姐姐们早已成家，原本一桌刚好的小辈，因为新成员的加入逐渐坐不下了。

　　最小的哥哥有两个女儿，一个 4 岁一个 6 岁，长得甜美好看，每次都是大人们争相亲亲抱抱的宠儿。姐姐因为要上课所以没有来聚餐，妹妹一个人变得安静许多，少了平日跟着姐姐一起的次头怪脑。

　　席间，大家闲话家常，最大的堂哥突然对妹妹说："你比姐姐乖，比姐姐长得好看。"

　　这一言论立刻被在席的兄弟姐妹们群起而攻之。

"不能这么说！你明显没有生养二胎的资格！"

哈哈！大堂哥的儿子已经快成年，他自然不会再有二胎的打算。

只是，我们这代人，好像真的在育儿方面科学了不少。读了点书，比起老一辈来更注重育儿的心理健康。

回想我们还是小孩的时候，家庭聚会的最大乐趣之一，就是大人们大庭广众调侃小孩子，拿我们幼时的糗事做谈资拿来下酒下饭。小孩子最大的任务也是随时被叫唤到大人那桌去表演点才艺取悦我们的叔叔阿姨们，什么唱唱歌、说说英文，或者轮流亲亲大人的脸颊。

而大人们最拿手的就是贬自家的小孩来夸对方。

我小时候读书好、人本分、从不闯祸，是家中长辈拿来夸奖的对象，同辈的哥哥姐姐们自然成了靶子。而自家的父母为了谦虚谦虚总是要说我"傻乎乎"、"木讷"什么的。

总之，谁家的小孩不被拿来比较呢？

小时候比读书升学，大了就比工作赚钱、结婚生子，再后来大人们知道尘埃落定，孩子们也大了，再比就伤自尊了，也就不说了，席间的话题变成了养身——这不吃那不吃这有病那有病，总之年纪大了焦点转移了。

而我们的下一代，大抵是不用面对这些的了，因为作为他们的父母，我们不会再这么做。

可是，有时也会疑惑，我们自认有了点文化，懂了点幼儿心理，可我们真的能做到满分吗？

对一个人的爱，是最最难把握的。含着怕化了、捧着怕摔了，爱多了怕宠、爱少了怕伤，拔苗助长怕适得其反、完全放任自流又怕他长大了反过来怪我。

爱得刚刚好，究竟是几斤几两呢？

中国有句古话"天下无不是之父母"，天下的父母都是爱孩子的，为了孩子甘愿受苦受难，为了孩子过好的生活拼命赚钱。我们这一代人有时仗着多读了几年书就一板一眼诟病父母的育儿之道，其实是极不孝顺的。

我们自小在家庭聚会上被调侃长大，也不一定真的落下什么心理阴影，你行就行、不行就不行，不要怪别人。处处呵护处处小心言辞，把孩子养成玻璃心，将来他们也未必真能体会这份苦心。

一个孩子的成长，要爱、要善良、要父母的以身作则，其实就足够了。

07

医　闹

　　我们国家日新月异的发展和强至宇宙级的购买力，早已令全世界目瞪口呆。可是，也正是在我们生活着的这片土地上，我们一定要坚韧无比地健康着，因为就医，是一件令人闻风丧胆的可怕事儿。

　　"医患矛盾"这样复杂敏感的社会问题，有着错综复杂的历史政治原因，绝非一言两语能说清。

　　看过很多"奇葩"新闻——病人家属群殴医生、叠罗汉导致医护人员全身粉碎性骨折，医生戴头盔看诊避免被打……

　　（件件是真实新闻，网上可查）

　　太好笑了！我每次听闻都觉得滑稽，却从未细想究竟是什么让我们这样一个礼仪之邦天天有闹剧上演。

直到上周，事情发生在自己身上。

许是长途飞行、季节转换或别的什么原因，两岁不到的孩子感冒发烧了。本是幼儿常有的病症，我也只是在家正常护理。直到几日后的一个清晨，刚睡醒的孩子突然咳出一大口鲜血。

作为一个没有任何专业医护知识的妈妈，顿时慌了手脚，抱起他就去医院。

分不清东南西北哪个医院哪个科室，只知道离家最近的是中山医院，仅有的常识是综合医院有急诊有急救设备。

周一早上的交通水泄不通、下着毛毛雨，简直不能更糟，好不容易在医院保安赶东赶西指手画脚下，在地下车库停好车子，抱着快30斤重的孩子爬了三层楼到了急诊部。

挂号处的指示牌指示要去"预检"。来到"预检"窗口，一位医护人员坐在隔着玻璃的小窗里。

"你什么病？"她没有正眼看我。

"小孩子吐血了！"我已上气不接下气。

"了"字音未落。"我们不看小孩的。"这位医护人员已经低头做自己的事，而我被别的病人挤到了旁边。

我不是什么玻璃心的人，但当时的我，瞬间泪就涌了出来！

给有孩子的朋友致电求助，得到的答案是可以送别的儿童医院，但急诊也要排好几个小时的队。

后来的事也没什么好多说，孩子精神状态尚可，托了关系找到了私立医院的专家电话询问，被告知是呼吸道感染引起的充血，不要太过担心。

这件事告了段落，过了段时间孩子也逐渐康复了。

只是，那素未谋面隔着玻璃也未看清长相、只觉挂了机器人面具的医护人员为何不能多说一句"我们这里没有儿童急诊，但有门诊"，让我不至于抱着吐了血的孩子茫茫然站在医院大堂，不知去往何处。

不要因为一件事去怪罪什么人，体谅他人的不易，体谅整个社会的不易，检讨自己的应急反应。

这是我正在做的。

可是，这个世界之所以会让人灰心，往往不是什么技术的缺乏，而是人，他多说一句少说一句，可能让你对整个行业整个人群的观感都变得不同。

一个国家真正的强大，不是在"双十一"的网购额达到多少百个亿，也不是横扫了欧美多少个路易威登旗舰店，而是作为一个普通的国民，在他生病的时候，依然可以相信，医院是救死扶伤的地方，医者的心，是父母心；他一生的积蓄不会因为一场重病付诸一炬；他不需要去托关系去塞钱去运用权势就能得到专业悉心的医治。

　　愿我们，不论身处哪个行业、在何种处境中，都能与人为善；愿同理心与我们同在，幸运与我们同在。

08

别　离

4月1号自从成为张国荣的忌日后，令"愚人"平添苦涩，本该怀念小时候在奥利奥中夹牙膏捉弄同学的欢乐，被电台永无止境的怀旧金曲淹没了。

难免忧伤……

是多受人爱戴又英年早逝的遗憾，令一个人离开人世那么多年后，还有无数人在怀念他？

而我们每一个人，无时无刻地，都在面对别离。虽然我们的离开，不会得到太多人的念记。

一位大学同窗，毕业后进入一家出版社工作，几年后跳了人生中第一次槽。

"跟领导说完辞职两个字的时候，我竟当场哭了出来，真是始料未及。"

平日里不算特别情绪化的女生，在聚会里回忆起这段经历，引来周遭一片"你戏太足"的玩笑吐槽。

然而，第一次说分手，不管是恋人还是工作，有这样的反应也许很正常吧。投入了期待，时间培养出一些感情，分离就充满离愁别绪。

如同小王子日夜浇灌了他那小小星球上的玫瑰花，旁人看来毫不出奇，却令那一片遥远的星球在小王子眼中如此与众不同。

母亲去参加表姐的告别式已经是个把月前的事了，现如今却总还会提及表姐生前那男友，以同学身份出现在告别式上，以未亡人之态手捧遗像走了长长一段出殡的路，哭得肝肠寸断。

生离死别，就是那么令人心碎，即便我们都明白，天下无不散之宴席。只是何时会散，很多情况下，由不得人。

一个朋友，身怀六甲之时赴国外生产。临行前夕，男友提出分手，几番拉扯，成了定局。

如今孩子已经会走会跑会说话。

本以为这分手，应是极有仪式感的事，面对面坐下，悉数对方的不是、双方的不适，然后说一句对不起、说一句原谅、道一声再见，再分道扬镳、永无瓜葛。

可现实没有剧本，有时候，那离别，只是匆匆一别，从此生死不过问。

日前观看了文章出演的舞台剧《每一件美妙的小事》，这部独角戏唯一的角色是一个因母亲忧郁症三度自杀、自己也患上忧郁症的人。

剧中人物说起自己人生中第一次面对"死亡"这个课题，是小时候家中名叫大黄的狗。

大黄老了，兽医建议安乐死，让它不要再这么痛苦。

"我就这么抱着它，它好像变得轻了些、还是重了些，我说不清楚，总之不同了。"

这段表演，竟让如此不喜欢文章这个演员的我在剧场中落下泪来。

面对这永恒的别离，我们都是如此脆弱。

父母把小孩养大，看着长大成人的孩子结婚生子抚育下一代。而小孩子年幼不更事时，天真地以为与父母朋友会永远永远在一起。可是，人生最残酷的事并非贫穷，而是离别。

长大后，我们要面对离别，短暂或永远。

祖母去世后不久，有一次与父亲聊天。

"我一直都知道这一天会来，但最让人害怕的这一天还是来了。"

　　这话出自平日高冷寡言的父亲之口，令我心中难受极了。

　　离别让人无法逃避，有时甚至无从选择，我们只能接受，告诉自己要坦然。

　　与恋人分手，向工作告辞，都是不经历就不能令人生完整的过程，但也有人"幸运"地嫁给初恋，有人"踏实"地在一个地方服务至退休。

　　子非鱼，焉知鱼之不乐？

09

完美　美好

陪小孩玩玩具，他热衷把乐高的方块叠得无比高，放在小汽车上。自然一不扶好就倒下来摔个四分五裂。小孩在这时总要一秒钟变脸，原本无比开心马上哇哇大哭发起脾气来。

当然，这只是小孩的玩意儿，跟他说要耐心哦，不要哭哦，跟你一起重新叠好。如此循环往复，而小孩也在欢笑和哭闹间乐此不疲。

原来那么小的婴孩已经在追求完美，我一个个叠起来的不能倒、不能坏、不能四分五裂。

可人生，大多是四分五裂的呀。追求完美，会痛苦的。

一日与同事闲聊，她说4岁大的儿子会因为一点点的不完美对自己大发脾气，譬如绘本上色画出格了一点之类，令她有些担心。

"是否总是夸赞他很棒、很聪明，给了小孩子压力？"

"这样活着会很累的。"

成年人经历了些许人生的挫折，已深感追求完美这件事，令人疲累。

我想要完美的人生——22岁遇见白马王子，30岁前生两个可爱的小孩，最好是哥哥和妹妹，35岁事业有成，名利双收……

这些梦18岁时做来很甜。

35岁时，你发现，遇见的男人都是渣，工作如鸡肋毫无起色，后辈人才济济，身边同年的朋友有的已经离了不止一次婚。

刘晓庆说"出名要趁早"，而你貌似已错过了飞黄腾达的年纪。

一切都是那么不完美。

身边更有白目之人时不时提醒着你现实残酷，青春不再。

一男性友人，几年前离了婚，没孩子。离婚的原因也没什么石破天惊，大抵只是性格不合或者生活中鸡毛蒜皮的琐事吧。离婚后立马投入到寻偶的状态，家人介绍、同事介绍、朋友介绍。

我问他，"你准备好了吗？感情上，心智上。"

"再不结婚生孩子，年纪要大了。"此男只有30出头，听闻这话时我竟觉得可能时空错了位。

友人的条件是不错的。当今社会，有稳定体面的工作，父母也是本分老实的人，有房有车无贷，长得也算斯文清秀，算得上优质的结婚人选。

可那个嘴，天天嚷嚷着自己再不生孩子，父母年纪要大了带不动了等等。

后来经过颇为积极的相亲活动，结识了一个女孩子，无婚史，28、29的样子，交往了半年就筹备婚礼了。

Excuse me？你急什么？

"我不急小姑娘也要急的呀，快三十岁了，她家里催着我们结婚。"失婚男突然一副行情太好自己也很无奈的恶心样。

结了婚，便老生常谈了，要快点生孩子，再不生小姑娘年纪大了生不出了，双方父母也要带不动小孩了。

我们身边有人执著地去做人生赢家，或艳羡这样的人生，可我们自己的人生却有那么多缺憾，让人好不沮丧，如同乐高崩塌的那个瞬间。若我是小孩，还能旁若无人嚎啕大哭，可我是大人，人前失态太难看了。

完美的人生一定是好的，可惜我们这样的普通人大多无福得到，只能宽慰自己——人生就是在追求完美的路上呀。

看了一出舞台剧，故事情节和表演都相当精彩，是近年来进剧场看到过的少数佳作之一。

可台下有个不怎么识趣的观众，明明是题材沉重略为心酸感人的故事，他偏偏要当作"票房蜜糖"的作品来欣赏，时不时爆发一下狂笑。因为是澳洲来的作品，外籍演员全英文对白，屏幕上有中文字幕翻译，可惜却时常卡壳，令观众时不时云里雾里。

然而，当台上的女演员情到深处落下泪来，这部作品我已经想给满分。

任何一件事你若全情投入过，不管过程怎样、结果怎样，就是美好的。

10

爱　信任

小孩子快两岁了，活蹦乱跳，走着走着就能狂奔起来。

生命，妙不可言，一天一天，眨眼长大。

每个工作日的清晨，带小孩子去小区停车场取车出门。而这段路从一开始他在篮子里、在怀里、后来抱在手臂、再到现如今他能独自行走。

入冬之后，小孩子的体重超过了 30 斤，再加上厚厚的冬天外套，我提着大包小包已经无法单手抱着他走这段路。担心他在车库里独自乱走会危险，总下意识地去拉他的手，而他却总是在抗拒，嘴里嘟囔着"自己走"。这番拉扯的结果是披头散发的我强行抱起挣扎哭闹的他艰难走向停车位。

简直就是一场硬仗——谁打过谁知道。

终于有一天，不想再披头散发的我突然觉得，应该放手，不再去拉扯他，而是走在他旁边，保持着正常的步行速度。观察他的同时，警惕着有没有车子从后面驶来。

奇迹发生了。

小孩完全没有我想象中的乱走乱跑，他与我保持着几步的距离，跟着我的步伐，一路小跑到停车的位置，乖乖站在车子旁等我开门。

原来，他一直以来的挣扎，只是想独立行走，而非在车库胡闹。

养儿方知父母恩。有了孩子之后，才发自内心的对自己父母的辛勤付出有了彻底深刻的感悟。那份操心，岂是只字片语能概括！

为人父母，都想给孩子全部的爱、最好的最好。而付出爱的同时，孩子需要相同多的信任。你越拉他，出于对他自控能力的不信任，他越抗拒，越与你背道而驰。你累，他也很沮丧。

朋友的儿子到了叛逆的青少年时期，临近升学考试，却沉迷电脑游戏。朋友平日心思扑在职场，对孩子疏于照顾，现在急得跳脚，他越骂，孩子越是充耳不闻，骂急了甚至会反过来与父母动手。

简直是家门不幸！旁观的朋友们无一不这么想。

养个孩子真是操一辈子心——小婴孩时怕他吃不饱穿不暖，托给保姆或学校怕被虐待，长大了要担心他言行规矩，再大些便是升学的压力，好不容易毕了业出了社会，父母还要暗搓搓去人民公园物色物色好对象。

这么看来，为人父母的这一生，真是还前世债。

遇见开始陪孩子做作业的朋友，我总劝他们不要太在乎，读书这回事得过且过就可以了。但回头自己深想，那只是自己的孩子还小，不到这时候，风凉话说说太简单。

可真正好的教育，陪着做功课只是其次，爱与信任，才是孩子一辈子无法被夺去的财富。

父母生育了我与胞弟两个孩子，谈不上什么功成名就光宗耀祖，但也踏踏实实规规矩矩。父母那一代人，为温饱打拼，别说什么陪做功课了，我一路考上名校，爸爸才迷迷糊糊知道女儿是个学霸。

我和胞弟应该也都曾经历过叛逆迷茫、看什么都不顺眼、觉得全世界没有人理解我们的青春期，而父母给予的是完全的信任，从未歇斯底里指责过。他们始终深信自己所生的定是本质纯良的好孩子，以身作则孝顺长辈，对旁人也极为热情慷慨。

待我长大成人，才意识到，这才是我人生中最最重要的财富。

我只想给小孩全部的爱，最多的信任。

我只愿我的孩子善良正直，不需要太聪明太优秀，过豁达开心的人生，无畏无惧地来这世间走一遭、尽情经历这人世间的快乐与悲伤。

11

天堂　地狱

一旧友，艺术家，孩子是快上小学的年纪。平日里虽不需上班打卡，却也忙个四脚朝天。认识了很多年，从毕业、恋爱、结婚生子，不常见面，却是一起经历了人生许多重要时刻、困难时会拔刀相助的朋友。

几年前比较热络时，只听说婆婆帮她搭把手照顾孩子，大半时间与小夫妻一起生活。

这婆媳之间琐碎到末末渣渣的事情，也算大家聚会的谈资之一。

朋友性格独立、善良、有些内向，那时她总说，跟婆婆同一屋檐下，要和平共处，只能靠忍耐。

她自嘲"忍者神龟"。

　　"婆婆"这个形象，那时对我等单身未婚女青年来说，自然是避之不及的。更有闺蜜开玩笑说自己希望将来的丈夫是孤儿，这样就不用面对婆媳问题这个世纪难题。不论怎样，与公婆同住是万万不可接受的。

　　而婆婆们做出来的奇葩事，说来怕是能做几天几夜的下酒菜。

　　近日与朋友重聚，自然问起了家里近况。朋友出人意料的说，跟婆婆之间的关系已经亲如母女。

　　H-O-W？

　　（听了这话，我原本眯眯小的眼睛瞪大了不少）

　　道理自然是亘古不变的——婆婆爱儿子爱孙子，妻子爱丈夫爱儿子，两个女人爱着同样的两个男人、同一个家庭，理应相亲相爱，不管各自的方式方法是怎么样的。

　　"我原本总有看不惯的地方，生活习惯，琐琐碎碎，但她照顾孙子，如此全心全意。老人照顾孙辈，并非天经地义，他们放弃自己舒服的生活，我从心底感激。"

　　朋友说，她不再是忍耐，现在有了分歧，绝不会上升到矛盾，一笑了之。

　　婆婆冬天坚持她和丈夫一人一被，因为她怕自己的宝贝儿子着凉。

　　"天哪！不可理喻！"几年前，一众姐妹简直觉得这个婆婆精神不正常。

"现在我们真的一到冬天就主动分被子盖,还拿这事儿出来说笑。"朋友又拿这事儿出来说,但一切都不同了。

生活中的小事情,真的没有什么大不了的,一句无心的话,一份让人发笑的坚持,比起一个长辈对家庭真心的付出,算得了什么!

另一个朋友,夫妻闹离婚,已经发展到撕破脸,不管谁对谁错,谁都没落个好。

婆婆帮她带大女儿,从婴儿起,日日夜夜、悉心呵护,连我等旁人看着都羡慕。

如今,两家人闹翻,婆婆的那份付出不再受到媳妇的牵记,而婆婆也只挑恶言恶语来攻击媳妇。

佛说六道轮回,皆在人间。可怜的是他们带着这么多忿恨,现在只怕是在地狱徘徊。

朋友指责老公就是个妈宝,才会这么没担当!

瞧瞧,古往今来不变的道理还有另一说——婆婆爱儿子,妻子爱丈夫,两个女人爱着同一个男人,怎么能和平共处?

可人与人之间的关系,就是这么一念天堂,一念地狱。看你自己怎么想。

12

原生（附后记）

香港曾有个艳星叫陈宝莲，未满 18 岁便在母亲的逼迫下签约拍三级片出道，29 岁跳楼自杀。

一位友人说陈宝莲原是上海人，与她小学同班。

"她那时候叫赵静，父母离婚后改叫刘照静。高，瘦，当时不算容貌出挑。有段时间还经常玩在一起，在她家里用枕头互相打闹玩。长大后知道一个很漂亮的香港艳星叫陈宝莲。跳楼死了以后才知道原来她就是赵静。拿来照片细细辨认，才隐约看出当年的影子……"

友人感叹，"人间戏剧，时时都在身边发生。"

的确。

而这件事之所以在十多年后被媒体重提，是陈宝莲当年留下的幼子，如今已长大成人。坊间传言王菲的前经纪人收养了这个孩子，而天后也一直在经济上给予资助。如今，昔日艳星之子已长成翩翩少年郎。

这孩子好可怜，那么小妈妈就跳楼死了……

这孩子好可怜，那么多男人看过他妈妈的脱戏……

茶余饭后的闲话基本是这样的。

然而，

这世界好可悲，五十步笑百步……

这世界好可悲，那么多人活在直男癌晚期……

十多年前，我上中学，不知怎的班上有位同学没有父亲的事被传了开来。我忘了她为什么没有父亲，是父母离异还是早年丧父？大概那个时候就没有搞清楚过。

我只记得回家说了这件事。后来家里人给了我两张电影票叫我邀这位同学放学去看电影。

很多年后，回想这件事，总觉得心中百般滋味。

我们对一个人的好究竟是出于同情抑或是某种歧视呢？

一个单亲家庭的孩子在那个年代被自然而然地归类为弱势群体，一如今天陈宝莲的儿子。

文明已经到了今天这样的地步，我们的社会在某方面却从未进步过。

前几日新闻说一个小学的入学报名，要求父母到派出所开具无犯罪证明。真是笑掉世人大牙！我们的古人孔夫子已经说过"有教无类"，几千年过去了，难道父母坐过牢，孩子不能进入小学接受义务制教育？

朋友的饭局上，一女友口无遮拦问在座的一个男孩子："你家有离婚史吗？"

言下之意，如果你的所谓原生家庭不完整，那么我绝对有权力怀疑你将来也不会是一个好丈夫好爸爸。

恰巧男孩子的父母刚刚离异，场面一度尴尬到冰点。

其实，我们80后、90后这代人，父母光明正大离婚带给我们的痛苦远不及貌合神离的完整家庭，远不及父母念叨"要不是为了你我早就离婚"此类不能面对自己婚姻的失败把罪名扣在孩子身上的不负责任行为。

又或许你成长在一派和睦相亲相爱的家庭中，却难保不是个妈宝或自私至极的家伙，整日盘算着怎样啃老让父母帮着带孩子。

一个朋友，很小的时候目睹了父亲的出轨，后来父母离婚，各自组织了家庭，他随母亲生活。多年过去，他长大了，母亲也有了新的好归宿。

我问他是否还怨恨父亲，他说："一直以来，我伤心的，只是他不相信我与母亲可以为他带来幸福。我只想给他看看，我现在长成了不错的大人。"

朋友长成了很优秀的大人，开朗又努力，对女朋友也很好，从未恐婚，也从未带着任何恨意生活。

一日跟一位精神科医生闲聊，说起减肥的话题，他说美国现在有一种名为Contrave的新药组合进入了临床，好似是先让人服食一种抑郁厌食的药，再用另外一种药剂治愈这种抑郁症。

这个当作笑话来讲的话题很快就过了。但转念一想，人生本就是破碎的，我们要做的不过是缝缝补补。

小孩子幼儿园的绘本里有这样一本书，叫"It's Ok To Be Different"——你的肤色种族、你高大或矮小、你身体的健全或残缺、你有两个爸爸或者没有爸爸，都是ok的。

原生家庭的好或坏都不应该成为我们放弃自我或错待他人的借口，我们每一个人都可以足够强大到让自己变成更好的人。

谁的人生不留一些遗憾而活呢？外人又何必带着对残缺家庭孩子的偏见成就自己内心那一丝卑微的优越感？

（后记）

此文在网络上发表后，收到了不少反馈，其中不乏斩钉截铁反对的声音。

的确，我们怎么可以否认童年对人一生的影响呢？而一个人的童年是否双亲健全和睦又是至关重要。

国外很多杀人狂魔都有着不幸的童年，导致人格扭曲。

我自己出生在非常美满和睦的家庭中，父母兄弟，其乐融融。一个好的家庭给人的力量是很大的。安全感、信任感，也直接影响到孩子长大后待人接物的方式。然而，我自己的孩子却从一出生就要在一个只有妈妈的单亲家庭长大，他没有选择，我们每一个人对自己的出生都无从选择。

但是，这个世界所有的事情都非必然的直线。

引用一位读者给我的反馈：

"人生路上会遇到更多际遇，原生家庭的注定是业果，明白、接受、爱它、放手，都不应该被束缚及定型。对自己如此，对别人更应该明白。"

（13）

清　明

　　好姐妹在朋友圈吐槽，你们扫墓就扫墓，不要搞得像春游一样。

　　可那扫墓途中整片整片盛开的金黄色油菜花不正宣告着春天正当时嘛？人生好像也是这样，没有全然的苦，亦无完整的甜，快乐搭配忧伤，最下饭。

　　上海的这个冬天极为漫长，春日迟迟不来，总算在清明时节暖了。

　　中国人有这么个说法，先人去世的头三年，定要在清明当日去扫墓，于是我总在想，那些墓前的人们，今日是否特别哀伤？

　　中国人的节气和习俗有时颇为有趣，哀悼的事要集体行动，似乎要在这一日之间，抱团进香烧纸钱，一同哭泣。而烧纸钱的人口里总念叨着"拿去用啊拿去用啊"这样的话，听起来更像自我安慰。

好多年的清明时节不在家乡度过，今年是一定要去给祖先长辈扫墓的。为避开交通的拥堵高峰，选了上周的非节假日，但墓地也是人满为患。

姨母的墓前是早些时候表姐去扫墓留下的残花。

我与母亲每次去总要迷路，十多年了，总不能准确找到，要在墓园里兜兜转转耗费些时间。

这一次也是如此。

隔壁墓前，一个年轻的男子已经在祭扫，他一个人带着个很大的背包，放在地上，认真地在搬弄祭品。

我忍不住偷瞄过去，因为祭品实在丰盛，冷食炒菜、水果点心。那男的摆了又摆，连筷子杯子也仔仔细细放好，真的一副在饭桌上布置餐食给长辈的模样。

那是一个双人墓穴，只葬了一人，应是那男人的双亲之一。

我与母亲拜祭完姨母离开时，那男的还在烧纸钱，不急不缓地。

"你看到隔壁那男人吗，真的是很有心，很孝顺，这年头，这样的人已经不多了。"

没想到母亲也注意到了。

没有在正清明的日子拜祭，说明离世已经多年，还能这样用心祭扫，一个人，真的是心中相信，自己那泉下的母亲或父亲可以吃得到他准备的菜肴，用得到他捎去的财物吧。

有个朋友，早先出来聚会时说自己的祖父日前离世了。

"过世时，我正在外面，结束了原先的行程，赶了回来。"

作为旁人，节哀之辞还未说出口，她已豁然地挥手。

"离世前，几乎每天都去陪伴老人走最后的日子，现在离开了，虽然心中哀伤，却也没有什么遗憾了。"

听了这话，心中也为朋友释然了些。

愧疚，才是令人呼天抢地觉得呼吸也要停止的情绪吧。凡事尽人事听天命，也是放过自己。

清明过了，油菜花开，而我们不应只在好的季节过好的人生，而应在有生之年，珍惜每一天。

14

Enjoy your baby

　　手指不小心被夹到，喊了声"痛"。两岁多的小孩子跑过来模仿着我平时的样子，对着手指又吹又摸，然后给了一个很紧的拥抱表示安慰。

　　夜里入睡了，听到小孩子的房间传来声音，竟然说着这样清晰的梦话，"我给你摸摸了，你觉得不痛了吧。"

　　一时之间，心中很暖，眼眶发热。

　　每一个有幸做妈的，大抵都能感受到这种时刻，也许是有了孩子之后最最幸福的瞬间了。

　　日前有个很受追捧被热传的帖子，历数做妈之后那"苦不堪言"的日子——整日忙忙碌碌、蓬头垢面、带孩子的日子如同打仗一般，再无人唤你 Linda 或 Cindy，只剩大头妈、豆豆妈。

　　的确也是没错，排除那些生了不管潇洒做甩手掌柜的，但凡是自己操持家务养育小孩的总不免要面对孩子给生活带来那翻天覆地的变化。

　　再无懒觉可睡，一年里可以晚上外出跟朋友聚会玩耍的次数可用一双手数完，等等等等。虽不至于要用"牺牲"这样的字眼，但一个母亲为孩子所放弃的人生种种享乐、事业发展的机会，却是真真切切的。

　　我们不谈值不值得。见仁见智，不予置评。

　　不是那种喜欢跟别人细细簌簌说自己孩子有多可爱的妈（至少主观上是这么努力着的），因为也讨厌人家这样。孩子么，不都是天真无邪，自己的孩子不论长得多难看愚笨，总也觉得可爱得心也要融化，有什么好多谈。

　　可孩子这玩意儿，真是神奇，出生时一个热水瓶大小的婴孩，一天天长大，很快会走会跑会叽里呱啦说很多话，会知道你辛苦你手指受伤，这难道不是生命的奇迹吗？

　　能够健康平安地活着的每一天，就是生命的奇迹呀。

　　自从小孩子出生，总时常在想，若说"投胎是门技术活"，他今生成为我的孩子，是否是一个好的选择呢？当然，我们彼此其实都无从选择，我只能尽力做到我能做的，仅此而已。而世上的父母，不都是给了他们能给的所有吗？

有个姐姐总说，做妈的会变得贪心，还未出生时只求孩子平安健康地出生，什么好看难看都是后话。但渐渐地，你发现他似乎有点才华，便起了小小的贪念，送他去学这学那，望他成龙成凤、光耀门楣。

与一位友人闲聊，他说祖辈是那种家底丰厚的人家。

"旧社会你若吃得太多、长得太壮，看着便有点像苦力，所以那时祖母会叮嘱儿子少吃点，文弱书生的样子才似有钱人家的贵公子。"

后来友人移居到美国，发现西方人自小注重锻炼和营养，"长得就是比我们这种文弱书生看上去型格"。

说过笑过后，不免感慨，做妈的哪个不希望子女好，错的只是观念，没有心意。而观念的种种对错，受限于时代、受限于每个人的能力，不应太多责难。

而我跌跌撞撞粗手笨脚之间，却也把孩子带到了会跑会跳的现在，回头看看，这看似乏味辛苦的每一天其实正是因为孩子的存在而变得意非凡。

孩子刚出生头几天带着他去儿科医生那儿检查，连换块尿布也手忙脚乱，奶水不足一听孩子哭了要喝奶更是心烦。医生检查完送我出病房时跟我说了句"Enjoy your baby"（享受这个孩子）。

一路过来，时常会想起这句话。我们总说，等到他断奶能吃东西了就轻松了、不用尿布了就轻松了、上学了就好点了、再大点你就没那么累了。

好日子，似乎都在那近在眼前却遥不可及的彼时、彼岸。

然而，不管他是十天大的婴孩还是三岁大的 horrible three（可怕的三岁），想着今天给他做点什么好吃的、带他去哪个公园打球、为了他长成正直有爱的人而更加注意自己在孩子面前的一言一行，这样与孩子在一起的每一个今天，就是最最好的日子呀。

各位有幸做了母亲的，曾经花枝招展、夜夜笙歌的 Cindy、Mandy 和 Sophie，希望你们都能 enjoy your baby！

15

一夜长大

　　小孩子在情人节亦是中国小年夜的那天度过了他的三足岁生日，因学校家中皆洋溢节庆气氛，连小孩子自己都萌生了全世界在为他庆祝的喜悦。

　　加之我又极重仪式感，什么逢年过节生日纪念日，统统都要拿来庆贺一番才罢休。

　　朋友总取笑我，说早已混淆小孩子的生日，因每个月14号都要买蛋糕、吹蜡烛、唱生日歌来为他庆贺，真正笑掉大牙。

　　人活一世，白驹过隙，都是眨眼间的功夫。我们认真生活的每一天，欢笑的每一刻，都是值得庆祝的。

　　小孩一满三岁，连他平日里极为亲近的外公外婆都说他似乎一下子长大了一般，"是否到了三岁真的不同？"

三岁的孩子自然与两岁的不同，四岁的又会与三岁的不同，小孩子的变化本就日新月异，每一天都会带来许多惊喜，又凭添许多烦恼，如游戏打怪一般，层层升级，永不停歇。

而我在他每年生日的时候，总不免要回想他出生时的场景——那场令出院都要推迟一天的暴风雪，似乎长过一个世纪的分娩过程，以及新生儿放到面前时我痛哭出声的那一瞬间，都似乎在心底里烙了印记，再难忘却。

父母们对孩子出生时的情景都是那么印象深刻。胞弟与我早已成年，但每逢生日，父母亦总要回述我们出生时的场景。

例如胞弟出生时，圣保罗的滂沱暴雨，父亲拿着一个巨蛋模样的巧克力送给医生。例如我出生时，上海那冻至脊骨的春寒——"连尿布都是烘不干的，借了郊区的破房子，棉被也不舍得垫在腰后，落下一身腰酸背痛的后症。"

二十年后，三十年后，那记忆因为太过刻骨铭心而依旧鲜活。人的记忆，太过奇妙。

春节似乎要把一年里见亲戚的份额用掉个八九成。许久不见的亲戚跑上来总感叹"小孩这么大啦？""话这么多啦？"云云。

　　我亦无法准确地回答他何时长得这般大，何时会说这么多话了。母乳不足总在嗷嗷哭闹、瘦瘦干干的样子似乎还在眼前，快两岁了还只会"妈妈妈妈"，担心他迟语的日子，亦似昨天。

　　叔父们又在席间讲从前，说我从前如何如何乖巧，小孩子都有胡闹的时候，我却偏偏没有，总是很乖，总是听话，总是规规矩矩。

　　同辈兄弟姐妹小时候的糗事亦要在这逢年过节的家庭聚会上被拿出来再嚼一番助兴。

　　二哥小时候头大，骑着小自行车跟在运煤饼的黄鱼车（三轮车）后面，那人不知为何停下，回过头拿了个黑乎乎的煤饼照在他脸上。又例如，小哥哥虽长得清秀可人，手长脚长，连芭蕾舞团都入选过，却十足逗逼，但凡家里要挨训挨打，他总是第一个。

　　那些陈年旧事，在饭桌上拿出来说实在开怀，连新加入大家庭的嫂嫂、姐夫亦听得津津乐道。

　　若我自己的回忆总停留在小孩子出生的三年前，大人们的记忆停留在了更遥远的吾辈牙牙学语的三十年的那从前。

　　母亲总说，人若总怀念过去，谈从前，就是老了。小孩长大，大人变老，真的似乎都是一夜之间的事情。

　　说那亚马逊 CEO 贝佐斯启动了个"万年钟"的计划，

一千年才敲一次，寓意提醒人类的将来。一千年，对人类来说，是太过遥不可及的将来了。

我们眼前，只有那三年五载。

张爱玲在《半生缘》里这样写道："日子过得真快，尤其对于中年以后的人，十年八年都好像是指顾之间的事，可是对于年轻人，三年五载就可以是一生一世。"

不管是爱过三五年便以为是一生一世的爱恋，抑或总怀念过去深感岁月飞逝的中年，时光匆匆如流沙，还道来日方长么？

Chapter II

—Key words：态度 / 自我

—序语：铁了心做自己，一路荆棘丛生

①

浪　费

闲来无事在家时，开着最近 TVB 很受欢迎的港剧《一屋老友记》当背景声。

欧阳震华扮演的大哥从小就被爸爸训练怎么做香港人传统的肠粉，爸爸是那种传统中国家庭常常出现的形象——严厉、质朴、心地善良，虽一心为儿女却从来不知道怎么表达，出言就骂、出手就打。生育了四个儿女，却家无宁日，过世之后为了让这四个已经长大成人的儿女重拾手足之情而立了奇怪的遗嘱。

故事就这么在嘻嘻哈哈中见真情之泪，是典型的港剧风格。

剧中的一个桥段是这样的，大哥回忆起爸爸在他小时候命令他站在炉边看着锅里的肠粉，小小叛逆的他却打起瞌睡睡着了，爸爸进来厨房大声骂他："都煮老了！这么浪费！你这是要折寿的！"

老一辈的人在浪费食物这件事上是如此跳脚！

有个神神道道的女朋友，很可爱的一个女孩子，信命理轮回、星座运势，总爱灌输身边的朋友一个观念——"你浪费的那些食物，在转世过奈何桥之前，都会在一个缸里，你要吃完你今生浪费的食物，才能被放行去转世投胎。"

多可怕！这得多大的缸？简直不能想象。

所以跟她一起吃饭的时候，如果要一起多点一些什么却可能吃不完的时候，那个可爱的朋友会说："如若浪费了算在你的那个缸哦。"

这当然是个玩笑话。谁知道是否真的有转世轮回。若真要过奈何桥，又要喝孟婆汤还要吃那么多东西，会不会太忙了些？

却又想起了以前的一个男友，每次去外面吃饭，他总是点很多，每个菜吃一点，剩下的都浪费。每次吃饭我的心都很痛。他的那个缸请一定要把他淹死！

说回节省食物，这个时代我们的身边已经少有物资缺乏这回事，所以浪费无处不在。可是在很多地方，还有人吃不饱，很多人为了温饱在苦苦挣扎。

记得小时候照顾我的姨母，总是舍不得浪费，小孩子吃不完剩下的都倒进自己肚子里，所以她代表了一大群那种"码子"很大的家庭妇女。事实上，父辈们因为经历过国家三年自然灾害食不果腹那种痛苦的年代，浪费，在他们眼中，的确是一种犯罪。

而我也属于那种看到食物被浪费心里会很纠结难受的人。每一粒米都有灵魂不是吗？从播种到收割，是被倾注了很多汗水的，这跟多少钱倒没什么太大关系。是"尊重"——尊重这世间所有的一切，你盘中的食物，准备食物的人，与你一起吃饭的人，一草一木，皆应该被好好对待。

02

花 心

最近小孩子吃饭，每次只专注在一种食物上，这一餐只盯着青菜吃，下一次只吃面条。大人们开玩笑说"这样好，以后是个专一的人"，又东扯西扯科学家研究过长大了有出息的不是智商最高的人，而是能够专注在一件事情上的人等等。

当然，说过笑过罢了。但我们总喜欢寻找某种规律、预测某种毫无联系的未来，或人事物之间其实并无根据的因果。

很小的时候，大概是刚刚开始读书看报的年纪，有一篇刊登在报纸上豆腐干大小的散文时至今日一直留在脑子里。

大意是一个女人很草率地结了婚，然后很快又离了婚，接着，她卖了旧屋，置了新宅，开始装修。这一装修，就拖了个一年半载，事无巨细样样讲究。作者在文末嘲弄道："若在人生大事上有这份装修的细致考量，岂不更好？"

我读那篇文章时，年纪太小，小到根本分不清挑丈夫和装修材料哪个更重要，可心中除了因年龄带来的困惑不解外，也产生了"因为挑砸了男人所以房子要好好装修"这样莫名其妙的念头。

这世上有些事你之所以愿意投注全副精力去做，大抵是因为你知道，你的这份付出终会有回报，那些你选择投入的事情是在你掌控之中的。

陈冠希2015年接受VICE采访的纪录片《触手可及》，说到自己在"艳照门"之后人生重心是做潮牌（嘻哈生意），说那是in control（掌控之中）的事。想想也是，任凭你在演艺圈如何才华横溢汲汲营营，几张被偷走的床照就能在一夜之间让你永不超生。撇开道德不道德，从另外一个角度来看，也是令人不寒而栗的事情。

还是卖衣服好，500美金一件外套，客人排队抢购。

因为一个女人草率地处理了婚姻便觉得她连装修也应当马马虎虎了事，或者凭借一个小孩每次只吃一种食物的行为就起了他兴许会成为一个专注而卓越的人，这样的念头，虽听来滑稽，却很容易占据我们的思维方式。

早前一个相识的人，嗜赌成性、花天酒地，是那种在赌场赢了钱转头就大肆挥霍，花钱如流水的奇闻逸事在坊间总能成为茶余饭后谈资的那种人。一次一群人吃饭，吃完了剩下不少，他竟劝说大家再一起多吃点，不要浪费，"我看见浪费食物心里难受得要死掉。"

看看，人哪，就是这样矛盾的个体！你给外面的女友买包买鞋挥霍掉的钱大概可以浪费一百吨食物，却独独见不得眼前喝不下的那碗汤倒入垃圾桶。

我们总想猜测人性，通过眼前的事去预料以后的事，通过听闻的事去判断身边的人，都是徒劳无益。人事物之间，其实并无太多因果关系。

03

一个人

朋友问我，你一个人，害怕吗？

我说，不害怕呀，很舒服很开心。

我想，比起一个人，没钱、变胖、变老，才更可怕。

我又想，我是从什么时候开始，一个人的时候，不再感到害怕了？

也许，这根本是一个伪命题，一个人也许容易与孤独相关联，但这世上令人感到害怕的，绝不是一个人独处，而是对境遇的未知所带来的不安。

一天早上，两岁多的儿子又开始上演耍赖不肯上车去学校的戏码，磨了又磨、等了又等，在发火边缘的我为了控制自己的情绪，独自上车、发动了车子。儿子以为我要扔下他一个人，急哭起来，随后迅速地乖乖上车坐好，并同我说："妈妈，我害怕。"

原来，一个人被抛下，会出于本能地感到害怕。小孩子的安全感，来自熟悉的人的陪伴与保护。大人也是一样，熟悉的生活环境、熟悉的朋友、熟悉的工作，甚至于熟悉的上班地铁线和中午下饭的饮料，都是安全感的来源。

我开始回想自由尚且年幼时，一个人的那种害怕。

十几岁时，第一次一个人坐飞机去很远的地方，当然旅途都做好了安排，到达后也会有人来接，心知是万无一失的。只是临飞前的好长一段时间，心里总是感到不安与紧张，那种感觉直到今时今日，依然不知道要如何用语言来准确描述，唯一较为确切的形容就是"肚子那里感到凉凉的"，这种不安感。

后来，要一个人去面对的事情变得越来越多，岂是坐坐飞机这样简单。而随着成长，一个人可以处理的事情也越来越多，也越来越懂得如何与自己相处，如何适应环境和处理应急的事情，如何保护自己和保护他人，这种肚子凉凉的感觉就越来越罕有了。

一位挚友，在很早之前就总同我说，人，应当主动跳出comfortable zone（舒适圈），也就是安逸的生活环境、墨守成规的工作与人生，去挑战自己的潜力、适应环境的能力。

也就是让自己不舒服，让自己害怕，然后发现，自己比想象中的、大家认识中的更强大。

后来，这位朋友只身去了纽约，去闯荡，去享受，去过全新的、更为精彩的人生。

说到底，人生的本质是一个人的旅程，一个人来到这世上，再一个人离开。我们的父母、朋友、子女，都只是这人生旅途中与彼此短暂相伴的过客，包括所谓的终生伴侣、那个信誓旦旦要与你共度一生的人。

且不论这世道薄如蝉翼的承诺、脆弱得不堪一击的婚姻与爱情，就算是真的与你相亲相爱相伴到老死的人，在其中一人先离开人世之后，另一人也大多怀着缅怀的心情、笑着过余生罢了。

殉情这回事，在当今社会，早就被看作不甚健康的过激行为。

古人结拜，会许下"不求同年同月同日生，但求同年同月同日死"这样的豪言壮语，大抵是对人与人之间甘苦与共、相伴到永远最高层次的承诺了。

小时候学英语，课本上为了区分 alone（独自一人）和 lonely（孤独）这两个相近容易混淆的单词，有这么一个经典例句——I am alone, but not lonely。（我虽独自一人，却不感孤独。）

狂欢，有时候也不过是一群人的孤单。

所以，一个人，不要害怕。人生一遭，有许多美好和精彩，是要一个人去体味的。

（04）

羡　慕

绍兴路上的汉源书店在 2017 年圣诞节宣布歇业了，引来朋友圈一众唏嘘感慨——青春啊，时光啊，造作啊。

汉源开了 21 年，对一些人来说，的确一辈子那么长。其实，汉源的咖啡、蛋糕都很一般，但因为它如此有情怀，连张国荣生前都喜欢这儿。

家门口的 Costa，咖啡、蛋糕也很一般，但它的火腿芝士帕尼尼，却深得我心，加热之后的芝士酱汁有些甜腻，胜过隔壁 Starbucks 任何一款点心。

咖啡店是个很奇特的地方——人来来往往、匆匆忙忙，都有自己的故事、自己的人生。

礼拜二的上午，Costa 没什么客人，隔壁桌一个年轻女人独自带着个两三岁大的孩子，那小姑娘奶声奶气的，桌上放了一堆玩具听诊器、体温表什么的。

她一直要妈妈"假装生病"——"你又生病了，我给你量体温""我给你打针""你感觉好些了吗？""你是怎么流血的呀？"忙活儿得不亦乐乎。

被孩子的萌态吸引，抬头看一眼那妈妈。戴着框架眼镜，披头散发，裹在厚厚的黑色羽绒服里。那累，是从灵魂深处透出来的。

那孩子不停地提问。

为什么呀？为什么呀？为什么呀？然后呢？然后呢？然后呢？

问题让人啼笑皆非，无从回答，那妈妈有一搭没一搭很是不投入这个医生和病人的游戏。在咖啡店这样的地方，她连喝口咖啡望望窗外，都像灵魂出窍般有一搭没一搭，这么不从容。

孩子是很可爱的，她模仿着大人说话、假扮着耐心的医生和怕打针的小病人，可那母亲又要注意她有无伸手打翻桌上的咖啡，又要阻止她在店里胡乱奔跑，是无法投入这样可爱磨人的小游戏的。

咖啡店是很空闲的，店员无事可做也在聊天，一个女孩子问另一个，"你身边的人结婚的多不多？""多的呀，连生孩子的都有了。"

这必然是二十多岁年轻女孩子的对话——向往人家结婚生子，从此过上幸福快乐的日子。殊不知，生了孩子的头几年，大多就是眼前黑色羽绒服里那披头散发的日子啊。

几日前应朋友之邀去他家共度平安夜，来同聚的多是尚且单身、或结了婚还没孩子的男男女女们。唯独来了一对年轻的夫妇，带着两个孩子——大女儿三岁多，小的儿子才刚满两个月。

那夫妻一进门便是大阵仗——婴儿推车，大包小包。大家纷纷围上去，帮忙拿东西，跟小孩玩耍逗乐一番过后，又开始看电视喝酒闲聊了。

接下来的几个小时，大女儿吃薯片吃一地，爸爸觉得对不起主人家，便拿了吸尘器跟在屁股后面清理。过一会儿小婴孩饿了哇哇哭，妈妈就抱着进卧室哺乳，吃完又要换尿布。

大女儿是好动的年纪，一会儿打翻了桌椅，一会儿又摔倒了。爸爸刚刚辞职自己创业做了个社交 app，碰巧朋友邀请的人中，有好些正当红的时尚美妆博主，爸爸很想同大家认识交流一番，可每每刚说几句话，大女儿又闯祸了，他只得抱歉起身去收拾残局。

晚餐过后没多久，这对夫妻就收拾东西准备告辞了——

"孩子要睡了。"

我对那妈妈说，"真心佩服你带两个孩子出来。"

"我自己也不懂自己为什么要生两个？"她拿自己开玩笑。

"因为恩爱"，旁人纷纷打趣她，可都看得出他们的辛苦和不尽兴。

又或许，对他们来说，带着两个孩子出来玩玩、不闯祸不受伤，过了个平安夜回家，已经够了。什么尽兴不尽兴，都是你们这种单身狗们的自嗨玩意儿。

年轻夫妻出了门。我说，"我是真的喜欢小孩子，但现在的我，没有勇气再生第二个了。"

以前我也觉得我一定不可以只生一个孩子，两个以上他们才不会孤单。现在我有了一个，他亦处在分分钟把淑女逼成泼妇的 horrible three（可怕的三岁），实在是一个"累"字从灵魂深处透出来。

好些人说，祖父母那一代，生五六个孩子任其自生自灭，风一吹也都长大了。可现如今，社会变了——生了孩子要操心他的吃饱穿暖，规不规矩，病了整夜不能睡，带出去又怕外面人贩子，送幼儿园还要担心被扎针。

这心操碎了，除了把自己裹在羽绒服里，还能怎么样呢？

可孩子本身又是如此美好，我亦是有了孩子才真真切切感受到生命的意义。世界污浊纷扰，小孩子的纯净给到我们的力量这般强大。看着他一天天长大，你亦会觉得放弃一些自由、放弃一些别的什么，都是值得的。

人就是这么矛盾的——单身时盼望结婚生子，有了孩子又渴望独属于自己的时间空间，生了两个累得焦头烂额便心生悔意，但若要你从头来过，大抵也都会选择现在的人生吧。

活在当下，便是安好！

05

不一样

　　参加了一个校友聚会，场面很大，认识的人却不多。这世上大部分的人都有些害羞，虽然我也想认识新的朋友，却觉得在陌生的社交场合能与熟识的人交谈，是一件颇有安全感的事情。

　　幸运的是，遇上多年未见的老同学，成为百来人聚会中最开心的事。

　　我说，"我认识一个人，长得跟你好像。"

　　他说，"你上次见我时已经说过，后来我也听别人这么说过。"

　　"那就是真的像了！！"

　　"我觉得不像！"他并未见过传说中那个相像的人。

跟相像的另外一个人这么说时，对方也是抗拒的。

"不像不像，一点也不像！"

这世上有很多人撞脸，演艺圈、名人界，也有毫无血缘关系却长得不分彼此的例子，为人津津乐道着。

可怪就怪在，若你说我一个普通人长得像萧亚轩，我内心也许会窃喜一番。

若新的艺人出道，说她像极了某位已经走红的明星，她从口到心，是一百个不愿意的。

然而，外貌相似只是无伤大雅的事吧，人生过成了何等模样，是否也会拿别人的来参照呢？

可惜的是，我们其实从来都无从窥探他人真正的人生。每日展现生活点滴的社交媒体，大多只是把那生活中最好的一面、最漂亮的局部粉饰展现。

成日晒恩爱的也许背地里正在搞婚外情，频频炫富的或许银行里没有太多存款，满口仁义道德的说不定在家打老婆。

台上的明星也大多以假面目或者商业利益需要的面貌示人。

近日一则娱乐新闻，说某位艺人因为身体原因暴瘦、如何坚持演艺事业等等。其实真相只是此人是个多年的瘾君子，怎能不暴瘦？

我们要活成什么成功或幸福的模样？似乎有很多人生赢家的模板。

小时候，有隔壁邻居家的小明，读书总比你用功。长大了，有隔壁邻居家的老王，赚钱总比你厉害。

所以，我们偏要在三十岁前结婚生子、四十岁前功成名就，五十岁的时候若你的孩子不是名校毕业，便是失败了。我们的人生偏要活在虚无缥缈无从考证的赢家模板里，惶惶不可终日。

与老同学闲聊，回忆起很多小时候的事情。那些为了小事痛哭不安的日子想来稚嫩又好笑。

亦说起一些昔日同窗的近况。

有个漂亮的女同学，小时候早恋逃课，被批评几句便性子刚烈到从三楼跳下。时隔十几年偶遇，竟全身名牌优雅地在咖啡厅等小女儿放学，俨然一副贵妇的模样。

小时候单纯傻乎乎的同桌，再见面时已经是位高权重的司法人员，头顶的发量也稀疏了，耍起社会上那套黑白两道的交际手腕纯熟得像另外一个人。

读书时用功规矩、人生理想是大学毕业就嫁人生子的班长，竟然成了单身妈妈，独自抚养着孩子。

最终的最终，我们还是要活我们自己的人生啊——独一无二的，不做任何人的翻版或影子，不被拿来与任何人做比较。这样的人生，不管好或坏，是否过成了我们想要的模样，照着自己的路走、跟着自己的心走，至少，是属于自己的。

06

出　口

一位相识多年却不相熟的摄影师朋友，新加坡人，好似生长在台湾又在上海生活，作品很文艺——黑色气球风格的婚纱照什么的。在社交网络上看过他的一组作品，印象很深刻——叫"出口"。

照片的内容就是很多机场的出口，各种各样"出口 / Exit"的标识，让看的人产生了强烈的孤独感。

总之，因为工作或生活的原因时常独自旅行的人，总会在机场有这样或那样的孤独感。如此熙熙攘攘人来人往的地方，每个人都是匆匆而过。

我很小的时候就一个人坐着长途飞机来来去去。在机场，总是等。不管你愿不愿意喜不喜欢，等着登机，等着转机，等着再登机。最漫长的一次，从上海经巴黎转机去圣保罗，在戴高乐机场足足等了 17 个小时，等到日落日又升，等到免税店打烊、又开张。

那年，我 19 岁。

等待的人没有很开心的，即便是要去赴什么愉快的事，等待也让人焦虑。但在必须要等待的时间面前，焦虑无用，唯有安安心心。

成群结队的可以聊聊天打发打发时间，一个人的只有找点一个人的乐子，看看书、上上网、听听音乐看看电影，或者，发发呆。

有的时候，也会跟陌生人闲聊攀谈几句，然后很短暂的就各奔东西。

中国人有句古话，"百年修得同船渡，千年修得共枕眠"，若真如此，想想这缘分也可怕，现在搭飞机如同坐船，而身旁的陌生人竟与你有着百年修来的缘分。

而在机场这种地方，是可以看到很多"出口"的，清清楚楚的标识，指明你该何去何从。

人生却不可能如此简单明了，我们每个人每个阶段都在为自己找寻出口。有的人没得选，有得选的又怕选错。

朋友邀我去看 KAWS 在余德耀美术馆的展。我们在展览简介前驻足，对于 KAWS 的生平，简介中说道：

　　1974 年生于美国的 KAWS，1997 年第一次前往东京，被卡通人物这种打破语言障碍、跨越文化差异的表现形式深深震撼……

　　"人家 23 岁已经去了东京……"同行的友人发出感叹，而他是一位 20 多岁就拥有了广告学博士学位的高才生和才子。

　　"我们 33 岁，却还没有去过东京……"我毫不迟疑地接了他的话，然后同行的一群人便哄笑起来。

　　看完展览，我们开始计划今年要不要去东京旅行。

　　33 岁还没有去过东京，真的太逊了。

　　23 岁的你，有没有去过东京？ 33 岁的我们，是否还有很多地方没有去，很多事情没有做，很多人生应该有的 achievements 没有完成？

　　也许，我们口中说着不在乎，心中却难免有些焦虑、和一点点无助。

　　不得而知。

　　23 岁时，我已经拿到了人生中第一个硕士学位，精通三国语言，一个人走遍了欧洲大大小小近 20 个城市，在亚洲、南美洲和欧洲生活和学习过。

　　那时的我，觉得自己似乎超前完成了很多的事。

　　十年以后，我发现，自己没有跳过槽，没有穿过婚纱，甚至，没有去过东京。

又觉得内心有一点点的失落。人心，竟可以如此摇摆不定。

20 岁时，我在圣保罗度假，陪一个朋友去学校上课，那时她在圣保罗大学念书。课上有个女同学，已是 30 出头的年纪，上课时，婴儿坐在摇篮里，她一边转着笔，一边用脚轻轻摇晃着摇篮。

那时，我们开玩笑说，她一定是因为要结婚生孩子没有读完书。

在英国留学，那一年我 22 岁，有一位同学，50 出头，她的小女儿与我们一般大，在念医科。这位活泼的中年女子已经在修读她人生中的第三个硕士学位。

她说，读书现在对她最大的意义，是看看更多的世界。

我们走过的路，遇见的人，说过的话，有过的梦，成就了我们人生独一无二的每一天。33 岁的我们，也许还没有去过东京，那又怎么样呢？

中国人说"男怕入错行，女怕嫁错郎"，虽然时代已经不同，社会宽容了许多，事业和婚姻对现代人来说，真的错了，也不怕从头来过。

但在年轻的时候，总要更慎重地去选、去规划、去拨乱反正，为的是让今后的生活顺当一点。只是我们会问，这样的出口是否真的会通向我想要的将来呢？

其实，我们只管去走，结果，要留给上天。

07

做自己

　　洗头发这种事我向来不愿意在外面的 salon 进行，洗发用品称不称心、洗不洗得干净的问题暂且可以放一旁，光是想到要面对洗发小弟小妹和发型师的尬聊、然后各种瞎了眼评论贬低和不高明推销，作为一名严重"尴尬症"患者，我很不舒服。

　　可是，家里的热水器坏了，大冬天的简直"天将降大任于斯人也"，必先把人逼疯。

　　因为急着去公司办事，就近找了一家 salon，已经是第二次去，上一次也是洗吹了个头。

　　"我觉得你可以把你的眉毛弄一弄，现在韩式文眉技术很好，我们团队帮很多明星都做的。"

发型师见我第二次去了，便开始狂轰滥炸起来。

发型师为什么不能安心吹头发，推销个什么鬼！

我心里是这样翻白眼的，但是出了名"缩"的我还是微笑回答"好的好的，我考虑一下，下次有空的话来弄弄。"

"我们可以帮你设计的，改变运势的。"他显然没有听出来我的敷衍。

你会算命吗？吹个头就知道我需要改变运势？

我心里的白眼大概翻了一百个不止。

当然，人家也是要做生意没办法，推销推销不伤我半根毫毛。可是，我们在追求自我、肯定自我审美的康庄大道上，这样的妖魔鬼怪真的不计其数。

文眉的、接睫毛的、染发的、烫发的、接发的，女人钱包里那点银两是用来让自己变美的，不是拿来瞎折腾的。

我们不折腾，大多不是为了那点钱，而是觉得这玩意儿不适合我。我觉得文眉不适合我，我对自己的眉毛很满意。我更喜欢画画眉毛涂涂睫毛膏这种小女生的事情，多有乐趣！

姑娘们，要自信呀，活出自己的样子，不能全变成网红塑胶脸。时下流行的东西要做得开心做得适合自己，再多钱也努力去挣、去用最好的。若不适合自己，千万别听卖药的瞎逼逼，他们见谁都病入膏肓。

　　日前看娱乐新闻，一位国内小花旦作为一名资深无演技傻白甜，演了个古装剧出来宣传，说自己突！破！了！——"拿掉了美瞳演戏……"

　　采访里叨叨叨说了一大段怎么克服心理障碍拿掉了美瞳，勇敢用真眼球示人。

　　Excuse me ?

　　这也叫突破？本来智商这东西你不说人家也很难察觉高低，何必呢？这么不自信，能演出个什么好东西？

08

好 书

人要保持阅读的习惯，不是读公众号推送文，而是"读书"——纸质书或电子书。少关注娱乐八卦新闻，你就有时间每天静下心读一点了。

其实，看看书写写字，不需要太深的文学功底和太好的文化品位，人人皆可，我们不装逼，只是静下心来与自己对话而已。

读完一部作品，你可以喜欢，也可以不喜欢，这跟人一样，各花入各眼。

最近读完的是《浮生梦》。

令这位英国女作家 Daphne du Maurier 声名鹊起的，是她的另外一部作品《蝴蝶梦》，被电影大师希区柯克搬上了大荧幕，1941年获得第13届奥斯卡最佳影片。

《浮生梦》是关于懵懂少年爱上已故堂兄遗孀并为之疯狂的故事。

之所以选择读它，只是因为上一本书看完了，而Kindle向我推荐了这个"堪称杜穆里埃巅峰期的经典爱情故事"。

小说是以英国西南部风土人情为背景的，没有共鸣，而少年爱上寡妇这样的故事也没有太深地打动我。但作品在细节处的渲染和描写的确很有感染力，絮絮叨叨得恰到好处。

读书的过程是很惬意的——临睡前、阴雨天在家，或者咖啡馆等迟到的朋友时，闲来读几页，很好地打发了时光。

读完这一本，Kindle又在宣传《岛上书店》——"现象级全球畅销书"，这无异可以视作废话。然而我也买了。

"没有谁是一座孤岛"，这样的句子，已足够打动我这样的读者。

其实选书，完全可以是一件很随意的事。也许选人也一样，何必一定要向旁人证明你的好眼光好品位，想的清清楚楚白头偕老永结同心呢？它只是陪伴你一时的读物而已。

我深知，身边的许多人，读着更有深度的书籍；也有更多人，是从来不读书的。

若有人问我"最爱哪本"这样的蠢话，为了避免尴尬，我会瞎掰说《小王子》——温暖人心童叟无欺的经典童话，谁人不爱呢？

有一次，我说了一句大实话。那时的我已经出了社会在工作，在读《苏菲的世界》，一本普及哲学知识的经典作品，浅显易懂。

当时我就读的大学是国内一所声名显赫的学府，同学大多来自书香门第，父母基本上都是高级知识分子，所以他们从小耳闻目染自然读了比我多得多的中外著作。

我喜欢《苏菲的世界》这样的"低品位"被嘲笑了，因为它属于青少年读物。

但是我自己喜欢。

你说你爱极了《百年孤独》，我看了八遍开头，次次五分钟内成功入睡。我不懂它的好，并无碍它成为经典。

选你喜欢的书，跟选你喜欢的衣服、食物、人一样，你才是那个吃它用它爱它的人，不关人家的事。

09

扫　兴

　　春节过到第四天，多吃下去的食物大概已经可以绕地球好几圈。环境学家曾提出，吃过多的食物会增加碳排放量，不利于环保。从这个层面看，中国人的春节简直就是一场惨绝人寰的环境污染运动。

　　然而，极少有人会在大吃大喝时想到环保问题，却有很多人，会惦记着明天要不要站上家里那台体重秤。

　　春节期间，健身房也关了门，胞弟在家运动，一日不落下。我没毅力，且讨厌机械练习，却坚持每天与父亲去家门口的公园散步，消化掉些许落入腹中的美食。

　　多运动，是为了健康、为了美好的身材，也为了多吃一些这人世间的美食。

　　却也有许多人，上桌还未开吃，便嚷嚷着要减肥、要养生，这不吃那不吃，扫兴至极，让食指大动的我们看上去像极了不顾健康与美貌的傻子。

　　一位女性友人，风华正茂之年，身材苗条，却一到聚餐就先说自己胖，在减肥，吃东西挑三拣四，不浪费不罢休。一开始，大家都纷纷说她这么瘦还减什么肥，狂吹乱捧一番，渐渐地便疏远了。

　　要减肥，大可少点餐少吃多运动，却一定要搞得同桌的朋友觉得自己吃太多，又是何必？

　　你瘦或胖，健康与否，都不是一餐半餐能改变。你可以克制饮食，但那是你自己的事，不要放在台面上扫大家的兴。

　　另一忘年交，年近60，却青春活力不减，从衣着打扮到生活方式，都似正当年的年轻人。

　　"最不愿与同龄人吃饭，一群人从上桌开始就大谈自己血压、血脂、心脏搭桥，令你觉得眼前美食皆是毒药。"

　　她每次说这话都引得我们一班年轻人大笑。

　　汉堡可乐，火锅烧烤，这位从不打针微整、皮肤却依然光泽靓丽的女人来者不拒。

　　当然，我们可以归因于基因或别的，但最最重要的，是心态吧。

不是吃下去什么的问题，而是运动，她每天坚持游泳、跑步，实在忙碌的话也坚持个把小时用步行代替开车。

其实，人是一定会老的，但如何让你的每一天都活力四射才是活出生命真谛的关键吧。

回想起今年秋天在美国，一日赶了个大早去当地的艺术博物馆，已经不是第一次来，没什么特别的行程，闲逛一下，看看新的展品，在天晴万里的日子是很惬意的事情。

周二的上午，有一些学生团来访，虽然大大小小的孩子大多不是认真来看展，而是作为校外活动，有些熙熙攘攘，却也为平日里异常安静的博物馆添了些生气。

当然，博物馆这样的地方，大概是不需要什么青春气息的。

那些小孩子虽然成群结队难言兴奋，但都规规矩矩，也都轻声交谈。想起表姐总说，老外的孩子听话，不知道怎么教育的，就是比我们中国家庭的孩子要好带。

虽然凡事不能一概而论，但也很难反驳，至少中国家庭更宠小孩，喜欢为孩子代劳，凡事操心，导致小孩子骄纵，的确是有一些弊端的。

当然，也没什么育儿经可以分享，道理大家都懂，我也明白要少吃多运动，但做不做到是另外一回事。因为很多时候，失去耐心、无法控制情绪的往往是我们这些嫌自己的小孩不够乖的大人们。

　　与学生团形成鲜明对比的，是一个老年团，十几个有相当年纪的参观者由一个讲解员陪同着。遇到他们是在中国展品区，讲解员在说青铜器的历史吸引了我走近。

　　那些老者有几个已经在用拐杖轮椅，但无一例外的是，个个衣着讲究，女的戴着珠宝翡翠，还有宫廷式的帽子，男的西装笔挺。

　　对讲解人员的介绍还不时提出一些问题。

　　想到那日之前与母亲去当地一家法式咖啡馆吃午餐，周围坐着好些上了年纪的女人，个个珠光宝气，发型衣着都精心打扮。

　　在这个地方，年轻人大多是休闲打扮，可能是青春的光芒太耀眼无需奢侈品来锦上添花，越上年纪的人越讲究，有了经济能力和岁月历练出来属于自己的品位和高贵。与我们国内不同，二十出头的女孩子挎几万的手袋，妈妈辈们不修边幅穿女儿剩下的。

　　想想是有些可笑的。

10

情　商

　　最近有人给星巴克的大中华区总裁写了封信，受到我等无聊人士热烈关注。大致意思就是这个忠粉喝了十年中杯，却被店员问了十年"要不要考虑换大杯"？他终于忍无可忍觉得智商受到严厉挑战，炸毛了。

　　"老子要投诉！"

　　失笑，店员很执著，顾客很易怒。

　　你为什么不跟店员聊聊天呢？他们每天要问无数个"你换不换大杯"，他们才真正苦闷好不好？

　　今天星巴克的店员问我要什么，我很自动自觉要了大杯热拿铁和三明治。

　　"小姐，你的星享卡里没有券了，要不要关联一张？"

店员好可怜，每天要重复无数次这样的提议吧。

"今天不要了，谢谢你!"

其实我不管今天昨天还是前天，都从没关联过。我觉得半价券、升杯券、点心折扣、生日买一送一，都应该从天上掉下来，干嘛要出钱去关联？

"网上有人骂你们唉，你们推荐客人买大杯，你们知道吗？"唯恐天下不乱大概就是我这样的人。

"公司的规定，要让客人了解他们所点的杯型……"

"嗯，我们有时也很无奈。"

我觉得店员情商及格。

就是嘛，行业有规定，你鬼叫个毛线!

这世上有很多人，他们觉得自己是不能被疑问和挑战的。

"老子要中杯，老子多喝一口就要吐，你为什么还要问？问了十年，你想过老子的心情吗？"

但话说回来，写信的人还是很有水平的，他分析了行业营销的手段，不是单纯炸毛。可是这个世上，存在了大把情商极低却没有水平的人类。

朋友圈有个称不上朋友的这么个人，自己总潜水却很喜欢在别人的 moment 下面评论，每一次都让人没！法！接！连回个表情都不知道该回什么。

例如不分场合说你胖了，说你瘦了，说你晒黑了变白了，说你憔悴了，说你吃多了吃少了……

虽然想直接回个白眼，但我告诫自己万万不能做出如此低情商的罪行，于是时不时还要"唯唯诺诺"自黑一下。

"是呀是呀……晒多了……最近是有点浮肿……"

一日在电梯里，进来一对陌生男女，应该是同事关系，略尴尬，不怎么热络说话。男的突然对女的说，"你有一根白头发"。"是伐？年纪大了是要有白头发的呀"。这女的化解的真心算可以，心里肯定想说，"管你丫屁事！"

低情商男居然马上接了句"一旦长出来就不可逆了，马上变白发魔女了"。

电梯里的空气，凝固了。连我这个旁观者都出了身冷汗。

这世上，若情商低可入罪，有很多人要判终身监禁，立刻执行，不得上诉。

一女友，有个男同事，虽工作中无交集，却是抬头不见低头见的距离。不知曾几何时，那男同事见面从不与她打招呼。开始意识到事情怪异，是有次两人在茶水间相遇，女友下意识刚想挥手 say hi，那男人竟把她当透明，直接离开。女友诧异了。她虽称不上人见人爱，但也亲切随和，大方得体，在办公室人缘也是不错的。

　　女友努力回忆这个毫无特色大龄单身壁花男跟她的交集，想起很多年前，此男不知哪里获得她的手机号码，毫无前奏寒暄给她发了条邀约短信，类似"有时间出来吃个饭"。女友之前与他从没交谈过，以为他发错了，一忙没回后来也就忘了。

　　现在想来，是求爱不成反变恨哪！

　　说恨是夸张了点，骗你感情还是身体还是人民币了呢？只是没有对你信号不足一格的示好示爱及时反馈，最后遭到了直接封杀的对待。

　　女友说，还是有些尴尬的，办公室里有时只有两三人坐着，男同事一来，与其他几位大声问好，直接忽略了她，旁人也会觉得怪异，以为你们两个有什么。

　　后来跟别的女同事闲谈，无意间发现，这个男同事向很多位单身新晋女同事抛出过爱的橄榄枝，手法大抵相同，短信搭讪，或者直接送个小礼物，都是没有面对面友善的交流沟通作为前提。

　　而此男自身的条件应该算是学历家庭各方面还可以，长相造型实为中下。

　　"我想他大龄单身，是不无道理，"女友做此总结。

　　看吧看吧，就是你这种低情商男毁了我们单身贵族的美誉。

　　你说你特立独行、直言直语，不屑拐弯抹角，那很好，但这不妨碍你成为一个高情商的人。助我们登上人生巅峰、过上幸福好日子的绝不是那人人其实都相差无几的 IQ，而是待人接物周到些，说话为对方和自己留有一些余地，没有人是一座孤岛嘛。

（11）

秋　装

　　昨天正午还是 30 度的大太阳，今天一阵秋雨，家门口的树叶一夜之间就黄了、落了。秋风瑟瑟，这个季节，人不免要感伤，而我这种人，就更加要矫情了。

　　吃饭的时候，想吃一颗巧克力，或者吃块蛋糕，但转念一想，饭后才是甜点。如同你教育孩子，吃饭之前要洗手，酸奶是饭后吃的。

　　我们做人，好像有很多规矩，很多"一定要"和"应该要"的先后顺序。这些先后，有的完全没有逻辑可言，但我们就是这么默默遵守着，如同四季变换，神圣不可侵犯。

　　洗澡之前，要刷牙，因为洗完澡再刷牙会再次把脸弄湿；洗澡的时候先洗脸才洗头发，因为头发需要一些时间充分湿润；水果是饭前吃的，好像这样更健康。

一日与老同学闲聊，说起小时候，80 年代上海没有空调暖气的冬天是那么湿冷，秋裤以外还有绒线裤这样东西，衣服裤子层层叠叠，穿的时候要一条裤子束在一件衣服外面，再一条裤子束在另一件衣服外面，如此一层一层，强迫症般不可逾矩。

很多人的生活里遵守着不可逾越的规矩，破坏了它们并不犯罪，但却足以令人无所适从。因为那些先后、那些规矩，代表着健康长寿，代表着不被异类化，代表着深深的安全感。

然而，我们就是这样把自己放在框框里，阻止着自己去享受生活真正的美好。

表姐天生丽质、年轻貌美，更令人羡慕的是，比实际年龄看上去小了十几二十岁。在我的怂恿下，买了一件时髦的斜肩毛衣。后来她一直念叨这件衣服太时髦，穿不出去，"一个肩露在外面，实在没法穿。"

Excuse me！？长得好看的人，就应该穿得大胆！随性！暴露！不要浪费了美貌，不要辜负青春啊！

古希腊神话里众神掌管着春夏秋冬闪电雷雨，我们凡人只能看着春去秋来。这个夏天走了，下一个夏天再来的时候我又老了一岁，想想是伤感，若不穿上一件露出肩膀的性感毛衣，会更伤感。

　　这世上的顺序规矩，除了起死回生我们是做不到的，违背道德和法律的我们是不能做的，其他生活中无伤大雅的细枝末节，要试着去打破，要随心所欲任性狂妄地生活！

　　听说上海也在下雨。秋雨打落了发黄的树叶，这一整天的雨，把整个世界都淋湿了。

　　度娘说有一种抑郁症病症叫做"伤秋"，这个季节人容易不开心。所以，准备一橱新的秋装，这样你就会期待这雨下得再大些，天冷得再突然些。

（12）

廉　价

　　落了口红在家，赶时间，就在街角的 Walgreens（美国连锁药房）买了一支 9 块 9 美金的露华浓应付一下。女神们都说了，"不擦口红的女人是没有将来的"。对！宝宝要做有颜色的女人！那情急之下，9 块 9 的颜色，也是颜色。

　　可万万没想到、没想到啊，这 9 块 9 的货色，居然擦出了迪奥 999 的效果。不骗你们，我指天发誓！滋润不黏腻，色泽光艳，持久不褪色！一支唇膏，你所有的要求，它都满足了你。

　　就这样放在包里，连续用了好多天。几乎要忘了，本打算拿来应应急、一次用过就算了的。

　　闺蜜来信，说网购了几支唇膏，寄到我家里帮她带回国。收到包裹打开一看，TF排排坐、吃果果。

打开朋友圈，近日传阅度颇高的帖子说"女人啊！不要在你最好的年纪用廉价的东西！"

顿时，辗转反侧，心想着自己的好日子大概要到头了，居然用上了9块9的唇膏，还乐此不疲，简直要万念俱灰。

女人的世界，直男是不会懂的，分不清唇膏的那么多红，究竟是什么红，分不清包包的那么多款式，究竟有什么区别。可是，铺天盖地的市场营销，都掏心挖肺地教育女人们，对自己好一点，买最贵的，因为不能辜负你的如花似玉，你值得拥有。

是的，贵的东西的确都是好东西，可我们也都有过那些经验，昂贵的东西买回家，穿上身用上脸，却也会有不舒服的时候。几千块的鞋子也会磨脚，几万块的包拉链也会坏。

当然，不适合你不是因为它的价格，只是它不适合。在这里，我们不仇富。

我是如此真心实意地爱着奢侈品！

有一位朋友是美妆老师，经常上节目写专栏出席很多品牌活动的名人，时不时我会询问他一些关于护肤的专业意见，请他推荐点"好东西"。

有一次，他推荐我去用露得清的洗面奶。

　　Excuse me？！　50 块钱人民币 buy one get one free（买一送一）的露得清，我有没有听错？作为这么高级的美妆老师您起码要推荐个 LA MER 才不失身份吧。

　　可是，事实证明我真的肤浅了，50 块钱两支的洗面奶真的好用，清洁彻底、用后不紧绷。作为一支洗面奶，它已经可以拿满分了。

　　有很多时候，我们要用贵的东西，可以！生活是需要品质的，花钱让女人开心，就这么简单，看看漂亮的包装也可以心情大靓，人自然漂亮。

　　可是我们的人生，是断然不会因为用了便宜货而廉价的。让我们变得廉价的是不自信、不豁达。一支 9 块 9 的唇膏和一支 9 百 9 的唇膏都不会带你上天带你飞，唯有我们的笑容才是最好的妆容。

断舍离

父亲整理仓库，发现我求学时期的六大箱书籍、笔记和复习资料还占据着不少空间，让母亲问我能否扔掉。犹豫片刻，母亲直接替我拿了主意，"不会再派用场了，现在的学生就算要复习，网上也有大把资料，时代不同了，扔了算了"。

那就扔了吧。

草草几分钟，十多年求学的东西全数让人运走了。回想搬家数次，这些东西挪了又挪，终究不舍得扔。可时间越久，打开箱子的可能性越小。

的确，是该扔了。

上海似乎一夜入冬，在这寒风凌厉的日子里，我终与那六箱沉重的书籍告别。它们许是唯一纪念着我曾作为学霸的辉煌日子，也可能是我人生中最巅峰的日子了。

大家都说要勇于"断！舍！离！"

不再有用的东西，占着空间的杂物，买来却从没穿过几次的衣物，统统都该扔了。那才是生活的正确打开方式。

只是，太难了。有的东西，要用很长很长的时间，长到你几乎要忘记它，才能说服自己，我真的不再需要了。

感情亦如是，离开了的人、结束了的感情、疏远了的友谊，都应该好好放下。

但是谈何容易啊！一开始，你总是心存幻想——也许那个人，一时走岔了道，不久就会回来。

有时，你明知一切已经无法挽回，你告诉自己要接受，你告诉旁人你已接受，却仍祥林嫂般絮絮叨叨，悉数对方种种不是。可不知，你只是心中依然念着他，不愿接受此人与你已无半点关系，他好也罢坏也罢、生也罢死也罢，终究不再是你应该去操心的事了。

断舍离，要一天、一年、还是一辈子，要看你自己，准备何时放过自己。

一早送小孩去学校，下楼的电梯里遇见个邻居，看我拿着学校的书包，便问，"多大了呀就去幼儿园？！"

听我说"两岁不到"便惊呼起来，"哎哟，我女儿两岁的时候还在喝我的母乳呢！"

尚未睡醒并无兴致跟陌生女人讨论哺乳话题，可对方显然没有察觉，依然自顾自描述女儿会走会跳了还要在大庭广众撩她衣服喝奶的情形。幸好，电梯到了底楼，大家互道再见。

姐姐啊！断舍离！断舍离好吗？你若无特异功能喂奶喂到她十八岁，何必为了一口母乳如此执著？

14

气自己

办公室楼下咖啡店的三明治一直不太好吃，但只此一款，没有别的选择。图方便，就这么将就着。一日早上，更糟了，面包奇干无比、火腿咸过了头、黄瓜和生菜也不新鲜，明显不是当天做的。

我跟自己说，下次再也不买了。出门走几步，隔壁有别的店。

可今天早上，懒惰这个坏分子又来捣乱了。

"你们的三明治是今天做的吗？"

"是的呀，我们都是当天新鲜做的。"

"那就给我一个吧。"我为自己的懒惰找点外力推动了一下。

但事实证明，我又错了，依旧是那个奇干无比不新鲜的三明治。

我很生气，气自己为什么要给一个已经得了零分的三明治那么多机会？

不论易怒与否，我们总是会生气的。但气别人总是很短暂的。气得最久的、最无法释怀、最令内心辗转反侧的，往往是自己。

在外面跟人争执了，当下可能面红耳赤，但转头回去跟亲友抱怨几句，大家劝劝、说说笑笑的，好像总没什么大不了的事，就过去了。因为那个跟你吵架的肯定就是"丑八怪"、"神经病"。

晚上睡觉，很少会再去回想。

可出门前跟妈妈不开心了，妈妈唠叨几句，我回嘴了，于是妈妈就专挑我痛处，说得我心里郁闷，便脱口而出了"我就是这样的！怎么了？不要你管！"如此荒唐不孝的话。

整一天，都是心事重重的。妈妈那么辛苦，我却发脾气，就算她说错了，我却一点也不孝顺。午餐时同事们有说有笑，我虽也能无事人一般偶尔加入，但早上跟妈妈争执过的愧疚情绪就这么缠绕着。

我生气，气自己。

跟儿子在一起，一直都很耐心，轻声细语的。可两岁不到的婴孩总有把人逼疯的本事，难免有爆炸的那一刻。

他趁我不注意拆掉了厨房的水管。不知情打开了龙头，顿时水漫金山。试想手忙脚乱在擦地，他以为是什么新奇玩意儿赤着脚踏在水上。

再也无法控制自己，我冲着他大吼大叫，孩子被吓到了，哭了起来，委屈又伤心。

那一瞬间，我很生气，心跳加速，气自己为何这样无能，气生活怎能如此一团糟。

直到晚上孩子睡了，看着他天真无邪胖嘟嘟的脸，更愧疚了，他懂什么呢？我自己没看好他没有好好教他，却要发脾气。

整晚都无法安然入睡，很生气，气自己。

我们对自己生的气夹杂着强烈的无力感、无奈、后悔、愧疚，这份情绪往往最缠绕人心、挥之不去。

有个朋友，说自己不会吵架，每每在外面跟收停车费的大叔，或者乱开车的"路怒族"有了争执，总被对方气到语塞。回家都觉得自己没有发挥好，想回去重新吵一次。

"有时做梦梦见白天与人吵架的场景，竟如周星驰的电影桥段，口吐莲花，把对方骂了个哑口无言。"朋友的可爱引得旁人哄笑。

我们生气的点都不尽相同。

　　有一份科学报告说，人类的多种情绪停留的时间长短不一：愉悦总是最短，生气长得多，而愧疚最久。

　　一生一世带着对某个人某件事的歉意活着，太惨了。

　　所以我们要原谅自己啊，不管犯了什么错，都要快点原谅自己，因为自己才是那个永远可以陪伴自己的人，最爱自己的人哪。

⒖

会好的

两个月前，关车门时夹伤了手指，活那么大第一次眼睁睁看着伤口瞬间肿起来，由青转紫，鲜血汩汩流出。

幸好没伤到骨头，包扎之后还能动。只是这灼热疼痛得分分秒秒注意力只在这左手的食指上，吃饭也痛睡觉也痛洗澡更痛，受伤之后的头两日简直煎熬至极，心想这何时是个尽头。

日子过去了，一天一天的，手指还是痛的，弯曲的时候，不小心碰到什么东西的时候，尤其是帮小孩子洗澡的时候，只是不那么难以忍耐了。两个月了，伤口完全愈合上了，新的细胞组织更替了旧的，虽然微微凸起的疤提醒着曾经受过的伤，但大部分的时候根本想不起它。

时间是最好的药，它治愈一切，身体上的伤，心理上的痛，曾以为过不去的，都会过去。

巴西人有句俗语，翻译过来意思大致是"到了最后，一切都会好的，如果还没有好，是还没有到最后"。

真是阿 Q 精神，人生或有诸多坎坷煎熬，等你走完一生盖了棺，一切皆为过眼云烟。

就都好了。

只是，伤痛的当下是如此难熬啊，日日心头徘徊着"懂得了那么多道理，却依旧过不好这一生"的挫败感。与恋人分手时，对方说过的话做过的事一字一句一幕一幕在脑中盘旋，一分一秒被无限拉长，辗转反侧彻夜难眠。什么狗屁鸡汤文，熬成鸡精吞整包都没半点用处。

只是，不管多么难熬的痛楚，都会过去的啊，交给时间，因为做不了什么。如此一想，对将来的不安恐惧得到些许释缓，至少睡得好些。

世上没有解忧丸，亦没有后悔药，只有咖啡、茶或者果汁可供选择。

你有烦恼，我也有，他也有。你烦恼的事多一些，我烦恼的事麻烦些，大家都是一样的。世间没有完美的人生，看上去过得很好的人躲在被子里痛哭流涕的时候不会给你打电话告诉你，你也没有必要把自己的痛苦不安公之于世，同情和看笑话的人基本一样多。

所以，洗个热水澡，吃点喜欢吃的东西，睡个好觉，出门的时候把自己收拾收拾打扮打扮，比什么都重要。

佛说六道轮回，其实都在人间，你若宽心，就是神仙般的日子。

16

小确幸

约了朋友见面，她春风满面而来，刚坐下就忙不迭说自己"今天很幸运"。打趣她是中了彩票还是走了桃花运。

她笑着摇头。

中了彩票或行了蜜运你才不知道是福是祸呢。

朋友说她出门打车，因为时间晚了天气又冷，加上小区门口并非热闹街道，一时半会儿都没有车经过。朋友刚回国，平时都是自己开车，用不来那些打车 app，只能穿着单薄的裙装踩着高跟鞋往路口走了几步。

这时看到一辆出租车刚送完客人，准备停运下班了。

朋友上前去询问可否送她一程？那司机问她目的地，原本要停运的他却欣然答应了。

　　上了车，司机告诉她，他的家就在我们相约见面的地方附近，不然就不接这单了。

　　一路上，司机跟朋友唠嗑儿，说今天跑了几次远程，去了机场，刚放下客人，又上来个去南翔的，从南翔回市区也一路有客人，整一天没有白开路程。现在要下班了，居然遇到个客人可以顺路送他回家。说自己"今天真是太幸运了！"

　　朋友被这"庆幸"的气氛感染，觉得自己也是非常幸运，在冷风中遇到了空车，碰巧目的地又是司机愿意再拉一程的地方。

　　到达付钱时，司机再次道谢，说这二十多块钱像是白捡来的，打算去家附近的浴室好好泡个澡，在这个寒冷的冬日晚上。

　　朋友同司机道谢，说了声"辛苦了"，感觉这平凡无奇的十几分钟路程，却是十分奇妙的缘分。

　　说完打车的事儿，朋友又说自己因为肩颈实在酸疼，下午去按摩店做个推拿放松一下。因为临时起意，随便进了一家店，也没什么相熟的师傅。店家安排了有空档的师傅给她。那年轻的按摩师一开始推拿，便说朋友"今天很幸运"，说自己忙了一整天都是熟客预约的，刚停下来有了空档。

"上午有几个老客人指定要找我，但我实在忙不过来，只能请他们另作安排。"

朋友没怎么搭腔，觉得这实在有些老王卖瓜。可按摩进程过半，朋友发现这师傅的按摩手势是真正好，与她以前的按摩经历截然不同，于是好奇地问了这位年轻师傅的背景。

原来，这年轻人本是中医推拿师出身，现在已经是培训级别的技师。他告诉了朋友许多平时在家简单保养和缓解肩颈酸痛的妙招，很是热心。

"是不是很幸运？"朋友问我，眼中充满笑意。

我被这知足乐观的情绪感染，心里也莫名开心起来。其实打车也好，按摩也好，商业本质上不过是付钱买了个服务，在这个高速运转的城市中，分分秒秒在发生着类似的事。

只是，让人疲累如机器般运转的生活中，没有什么是理所当然的，人与人之间有相遇的缘分，亦有惜缘的智慧。

小区车位紧张，每月按时缴的停车费用，却不能保证有固定的车位，只能碰运气。晚餐时间过后回家，能遇到一个位置宽敞的空车位简直快变成令人雀跃的事儿。

于是每次一开进小区大门，即会与后座三岁的小孩子自言自语。

"帮我看看有没有空车位哟！看看我们今天是否
lucky？"

那么小的孩子自然是无法帮你识别一个能停车的位置
的，但每每停到一个宽敞妥帖的车位，他居然也会开心的问
我"Are we lucky？"

这时，原本觉得庆幸的心情会更加明亮。小小的孩子尚
且知道得到一些什么应当感恩好运。

生活就是这样的呀，中了彩票或者在电梯里偶遇吴亦凡
这样的事儿哪儿会发生在大多数人身上呢？但生活中处处有
小确幸，都预埋了你一份。

Chapter III

—Key words：社会 / 道德 / 价值观

—序语：杂乱纷繁的人世间

①

裂　痕

　　临睡前，朋友抛来一个链接，是俞飞鸿接受许知远的采访视频，叮嘱若有时间，一定看完。于是，40多分钟的采访录像，代替了睡前阅读。

　　对俞飞鸿这个女演员的印象，只停留在很多很多年前一部武侠剧中的仙子一角，而后就是近年出演了一部大陆连续剧，扮演一个跟小男友大谈姐弟恋的角色。有一些公众号盛赞此女美得惊人、活得脱俗。

　　我觉得吧，是很漂亮很漂亮的，但演艺圈好看的真的多了去了。

　　想起一位神神道道的闺蜜，总说人投胎转世，会带着前世身份的印记或气息来到此生，所以有的人看上去像猪、像狗或像别的某种动物。所以我觉得现在大热的韩国欧巴长得像一只浣熊，而俞飞鸿，总给我一种兔子投胎的感觉。

闲话转回来，许知远的采访充分暴露了"文人矫情"这四个字。明明只是被美貌所吸引这样一加一等于二的事，他偏要说的玄之又玄——《喜福会》中19岁的灵动，留美归国后自导自演的票房只有200万的电影中的九儿，如此文艺如此有内涵，后来却拍了《小丈夫》这样俗气的片子。

"我很想知道她究竟经历了什么？"许知远的画外音这样说道。

真想大笑。

她也许真的经历了什么，但与选片有什么关系。这世道，一个女演员，半红不紫，才华平庸、只有美貌，年华老去，能出演俗气却有人气的连续剧，她有什么好挑三拣四的？

世人往往如此，要为自己心爱的人的所作所为寻找一些高层次的原因。没有原因，人生就是这么俗气，任凭俞飞鸿再怎么高冷脱俗，也不过是个凡人。

当然，俞飞鸿还是不同于时下没有大脑充满塑胶味的女演员，她低调、阅读、有自己的人生态度和哲学，着实令她气质卓越。

而她最为人津津乐道的是美貌依旧，不怎么老。我又要笑了，保养得当或者天生丽质，但只是还没有老。总会老的，赵雅芝脖子上的皮也松了，脸上的粉越来越厚，某电台搞什么重回90年代的活动，循环播放着汪明荃的声音，是不论如何粉饰也老了的一把声。

再美的人也会老，人总是怕老、怕死，因为这是我们生来就要面对、无法逃避的事。

采访中，俞飞鸿谈到了对生命的看法，"人生本就没有任何意义，而我们既不能结束生命，只能好好生活吧"。

大意是如此，而采访看到此时，我也隐约明白朋友急于与我分享的原因了。

生活不堪时，最爱看的不是什么温馨的文学作品或者炫目灿烂的剧集，会去读佛学，读人生的大智慧，去思考人类真正恐惧的老和死。如此一来，"我如此深爱你，你却辜负了我"这样小情小爱的东西就被淹没了。

我们这些普通人的一生，总不是那么一帆风顺的。要经历坎坷波折，而那些折磨人心的坎坷又是如此琐碎上不了台面，我既不能在奥斯卡的台上拿着奖杯落泪，感慨自己一路走来吃过的苦；亦不能轰轰烈烈冲去伊拉克，在枪林弹雨中扛着摄影机壮烈牺牲在某一次爆炸事件中永垂青史。我只能日复一日起早贪黑，为婴孩把屎把尿、想着下一餐吃什么、今天拿的这个手袋要配什么鞋子、韩剧要周末才有更新，如此而已。

可是，生活如此琐碎平庸，却丝毫没有减少我们内心的孤独与失落。你不顾外界一切压力与心爱的男人成了家，他的感恩知足却维持得很短暂，最后，养育幼儿的任务落在你一人身上。抱怨不得，因为一切都是你自己的选择。这难道不比冲去伊拉克更需要勇气吗？

俞飞鸿讨人喜欢的地方是，认清了自己并不是那才华横溢之辈，或者说，一个绝好的剧本此生也不一定会落在她头上，而她早已放弃了期待。

"感谢上天赐我平庸，一个天才，要承受普通人不会承受的苦痛，而我不想要那些痛苦。"

这是整段采访中我最喜欢的部分。

而酸溜溜的文人初次面对俞飞鸿，痴汉般说出"你真的长得很好看"应该是整段采访最忠于内心的一句话了吧。

这个看美貌、被金钱左右的世界，我们都不该活得太脱俗。你既不能上天，何不庸俗地在平淡世界中找点乐子呢？

02

永　生

工作日的上午，老牌的美式早餐店里都是些不用上班的老年人。碰巧隔壁桌是一群华人老头老太们在聚餐，气氛愉悦，时不时传来他们夹杂着英文、普通话、广东话的欢声笑语。

聚餐近半，他们找我去帮忙拍一张合影，便欣然答应。拍罢回桌，继续吃我的煎蛋香肠，还有淋着鲜奶油热蜂蜜的pancake。

过了不一会儿，那桌一位年长女士过来与我打招呼，问我有无去过教会。她长得很美，虽然年纪大了，化着妆，风韵犹存，谈吐优雅。重要的是，很和善。谁又会拒绝这样的陌生人与你谈话呢？

而我，也不是第一次面对这样的询问。

小时候在圣保罗生活，那些个华人朋友也会带着我去教会玩，认识新朋友。基督徒都是很温和很善良的，他们诚心待人。他们得道了，也希望你不在苦海漂浮、茫茫然不知生为何物死为何物。

这位打搅了我吃 pancake 的女士自我介绍说她叫Shirley，而那桌年长的人都是一个当地华人教会的教友和牧师，他们中有人类学的博士，有社会名流，也有几个与我一样，出生于上海。

我虽忙不迭点头致意，感谢她来与我交谈，但心里还是有些尴尬的，心念着盘中的食物和咖啡，是否要凉了。

"活着一点也不容易，而死后我们的灵魂又会去到哪里？"

Shirley 很热情，依然优雅地用蹩脚的普通话传着教。我没有打断她，并承诺她若以后有时间，会去他们的教会看看。

我们每天都要撒很多谎，最多的大概就是承诺"等我有时间，我会与你再相聚"。

我们这些出生于中国大陆普通家庭的一代，都没什么严肃的宗教信仰。就算信佛，也是出于功利心的——我心中不安，去拜拜，我要祈求些什么事，去拜拜。家里人烧烧香拜拜佛，我们也拜拜，因为大年三十我们也会去庙里祈求一家平安，清明冬至亦会为祖先上香。

所以，基督教，离我们确实也是遥远了些。

而在国外的中国人教会，更多的是人与人相聚的场所。来到人生地不熟的异乡，那里有同胞，会说你的语言，而且他们有信仰，都是善人。这比什么组织都能给人带来安全感吧。

小时候跟教会的朋友一起玩，读圣经了解基督教，最大的印象是通往天堂的道路如此不易，"如骆驼穿过针的眼"。

天哪，我连活都没活明白，死后的灵魂去哪里，似乎有点无暇以顾。

03

大　同

　　十来岁的时候，跟家人去拉斯维加斯旅行，灯红酒绿不夜城，酒店门口停下来的 limo 里走出来的都是浓妆艳抹着貂皮大衣的美丽女人。那时年纪很小加上长途飞机的时差，晕晕乎乎间觉得这赌城真的跟好莱坞电影里的一模一样，繁华透了。

　　后来澳门先后开了美高梅、永利、新濠天地，我去的时候已经成年，澳门也已回归。兴许是时代变了，或者我长大了看事物的眼光已经不同，又或者东西方的文化差异，中国这地方的赌场，虽富丽堂皇有过之而无不及，却多了龙蛇混杂和赌客们的土豪气息。在名牌的包装下，女人也是美的，只是气质差了许多，只剩"富"却少了"贵"气。

在美国，赌业合法，除 Vegas 以外的各个城市都设有 casino，虽不及赌城繁华，但设施上是差不多的。初来圣路易斯这个小城的 Ameristar Casino 时，临密西西比河沿岸的美景让这个赌场也算得上得天独厚。

可是，在这里，赌钱的绝大部分人群，都是老年人。有些看上去老得都快走不动路了。他们坐在牌桌前或各式赌博机前，喝着赌场免费提供的饮料，用小钱打发着时间。玩完了慢慢走出来，开车离开，一切不疾不徐。

虽然，赌场都是一样的，烟酒不禁，24 小时灯火通明。听说赌厅里打氧气，让赌客不知疲倦。但这里看不到澳门 casino 里一掷千金、头上冒汗的超级赌徒，也没有拿着爱马仕包的"豪菜"。美国除游客或华人聚集的赌场外，都是普通人在碰碰运气，消磨消磨退休后的时光。

这世上的人，真的，活得如此不同。

然而，这世上的人，其实又都是一样的。

陪父母去 casino 逛的那天是一个工作日的上午，夜半最闹忙的营业时段已经过去，客人少了些。casino 角落几个工人在清理地毯，一夜下来，有客人掉落的烟灰、香口胶，工人们跪在地上用力擦拭清洁。

父母颇为动容，感叹这世上，辛苦的人都是一样的。表面光鲜亮丽的事物背后，都有不为人知的艰辛与付出。

一次采访华语舞台剧编导赖声川，他说自己一年要飞好多好多地方，有一年收集起登机牌来，自己也吓了一跳。

"去世界的各个地方，看不同的人过不同的生活，我们会觉得，哇！世界这么大！然而，待你去的地方越来越多、看到的人越来越多，你又会发现，其实全世界一样，每个人都在为生活忙碌。"

学生在为学业忙碌，父母在为孩子操心，我们都要工作赚钱，为家庭奔波，失恋了都会心碎。

人，不管在哪里活着，其实都是一样的。

04

乡 音

"少小离家老大回，乡音无改鬓毛衰。
儿童相见不相识，笑问客从何处来。"
贺知章的绝句《回乡偶书》，
也是我们从小熟读的诗句。
乡音混杂乡愁，
是离了乡才会有的东西。

父亲于上世纪 80 年代末出国，在巴西认识了一位老先生，那时老先生已在圣保罗的华人圈颇有名望，经营一家中餐馆，叫 Golden Plaza（金宫）。

那金宫远离东方人聚集的嘈杂社区，开在了圣保罗最最高级的商业区，客人都是高级白领、社会名流。

父亲那辈华人，好些如今家财万贯富甲一方的，初来乍到时，都在那金宫端过盘子打过工。我不知那老先生姓什么，大家都唤他作金宫（老头）。

听父母说，金宫老头年轻时跟几个小兄弟游泳去台湾，再从台湾坐船来到大洋彼岸的南美洲。后来几个兄弟合伙开饭店，又拆伙，分道扬镳。

那代人是很传奇的，生命力出奇旺盛，经历人生跌宕，特别能吃苦。

金宫有儿有女，但妻子去世得早，儿子女儿生在巴西，不会讲中国话，除了张脸，就是老外。

儿女早已成家，育有一大堆子女。儿子是典型富二代，去美国读书，坐头等舱，娶了服务头等舱的新加坡空姐回来。一家子就在金宫账台收收钱，小孩子统统送进贵族学校。

但金宫生意做得大，听说那店里的装修涂金嵌银，连木头都是从台湾整艘船运过去的，养一大家子估计几辈子都不是问题。

但金宫还是布衣布裤，看上去就像个在那豪宅打杂的园丁。反正老一代人，再有钱也节衣缩食看不出身价，不像现在，借钱买豪车，黑白颠倒。

父母提到他，总有些感慨，说他很早就死了老婆，后来认识一个女的，极为投契，想续弦。但子女媳妇儿这时都变成彻彻底底的中国人，极力反对，怕家产落入外人手里。老先生盼家和万事兴，便作罢了。

"辛苦一辈子，孤独大半生。"

父母和他们那些认识金宫老头的朋友都很唏嘘，但人家的家事，外人也就背后说说，谁管得了。

我们早些年回去圣保罗，也总要去探望他。八九十岁的人，自己在家里清扫泳池，然后亲自去餐厅后厨炒几个菜。

"这里的中国菜给巴西人吃的，没什么味道的。"

最后一次见他，他端了盘宫保鸡丁和茄汁虾球上来。给老外吃的中国菜的确没什么味道，分量大得惊人，不敢放辣，更没有浓油赤酱，酸酸甜甜更受那些西方人欢迎。

老先生二十来岁，在中国刚解放那会儿，就从扬州老家来了巴西，却依旧一口扬州话，有时说什么我们都听不懂。

听说老先生去巴西大半个世纪，只在九十年代回过老家一两次，被那村里"蝗虫"般涌来的亲戚们吓死，寒了心，路途遥远，便再也不回去了。

但那扬州话，真的一丝没有改。父亲极有语言天赋，各地方言都精通，与那金宫总能聊得投契。那乡音真是有意思，他跟子女孙辈也只能讲葡语沟通，身边亦没什么老家的朋友了，过了六十多年依旧一口扬州话。

乡音啊，乡愁啊，好像真是血液里的东西。

家里另一户好友，与父亲同辈，在巴西三十多年，依旧操一口流利北京话。女儿生在那里，二十多岁，不怎么识中文字，却一开口便是"京片子"。

又一户上海人，那阿姨年轻时嫁到巴西，生了三个孩子，子女早已洋化，连吃都跟她吃不到一块儿。她却依旧最喜欢在家里吃泡饭。儿女说这东西没有营养的。那阿姨说，"你们懂什么？上海人泡饭的精髓，配上腐乳酱菜的落胃，你们不懂的。"

刘嘉玲要出演电视剧版的《半生缘》。嘉玲姐52岁的年纪和风尘气，自然演不了文艺的曼桢，定角是那将妹妹推入火坑的悲剧曼璐。

她对记者说，"我的国语是最影响我演出的，如果效果不好，我后期要重新自己去配音。"

真的无语。

刘嘉玲15岁从苏州去香港，考TVB想做演员，是在家苦练一年广东话才被录取的。

如今，国语不标准要影响演技发挥了？岂不好笑至极。

《珠光宝气》里几个祖籍上海的演员，那几句吴语说得
派头极大、掷地有声，人家的年纪可比嘉玲姐都长了不少。

演不好就演不好，别说自己乡音已改。

05

苦与笑

回上海没几天，拿车子去 4S 店做保养，常规两个小时就能取车，但检查时发现有个零配件要更换，下午才能取。所以放弃在店里干等，准备先回市中心。

阳光明媚，难得的蓝天白云，也不急着去办什么事，所以打消了叫车的念头，决定步行去地铁站笃笃悠悠坐个轨道交通。

毕业之后就很少坐地铁了，久远到怎么也想不起来上一次是几时。

开车的人大抵都有类似的感觉，私家车隔绝了你和匆匆行走在这个城市的人群。

虽然堵车令人极为无奈，市中心停车很麻烦，且最不想打交道的人类就是跟你说"停多久啊？第一个钟头 15 块，第二个钟头开始半个钟头 10 块"；然而，开车的人应该也极少有机会去体会上下班高峰鞋子被挤掉的痛苦吧。

怀着这样的千思万绪走进了地铁站，发现换乘通道如此炫酷，简直跟十几年前我读书那阵儿完全不同了。

90 年代上海大兴建造基础设施，我们小学春秋游的内容，是去参观新建成地铁一号线和南浦大桥。回来还要写作文，"赞美社会主义好！"

现如今，上海有十几条地铁线，我的认知范围依然停留在一号线去淮海路，二号线可以乘到浦东，想来颇为好笑。

车厢里的人大多低头在看手机，极少聊天，除了那些搞不清楚哪站要下车、嗓门又很大的中年男女们。

我坐地铁的学生时代，是没有关于手机的回忆的。记得清晨很早的班车，学生族大多在看书、背英文单词。在车厢里途遇相熟的同学，成为了上学路上最开心的事。

所以坐地铁，一点也不漫长。

乘车过半，上来一个外地女人抱着个两三岁大的男孩。那女人拖着个极大的行李，大包叠着小包。站在靠车门的阿姨妈妈们叫唤了一声，一众人合力帮她把包拖进了车厢，还给她和孩子让了座。

这座城市还是很有人情味的。上海的阿姨妈妈们虽然背负着广场舞扰民、占着宜家餐厅相亲、天天迷恋柏阿姨的节目怀疑自己媳妇争产的种种恶名，他们还是非常善良和乐于助人的。

一个城市，有血有肉，才真实。不是吗？

那女人始终微笑致谢，坐下后跟孩子玩了起来，丝毫没有幽怨悲苦写在脸上。两三岁大的男孩本是最顽皮的年纪，坐不定站不定，却乖乖坐在妈妈腿上。

心里一下子感触起来。我们这一代，真的太娇气了。养个孩子似天大的事，长辈全体出动，保姆阿姨一个不能少，还成天抱怨自己多苦多累，好像少睡一会儿少吃一点就立刻会暴毙一样。

祖父母那代，家里生五六个是常态，一样拉扯长大。父母那代，要赚钱要奋斗，条件远没有今天好，我们依然生龙活虎。

每个人都有每个人的辛苦，比你苦一百倍的还在欢笑，我们有什么理由为一点点事垂头丧气、怨天尤人呢？

06

猴　急

上海时冷时热，空气也不太好，咳嗽有点久治不愈的样子，成日都在咳痰清嗓子，难免有些烦躁。

去银行办事，拿个号，单薄的纸片上显示前方还有三人在等待。大厅里的热气开得很足，于是脱了外套坐下来等。

临近午餐时间，只有一个窗口在办理我这类业务，而前面的人似乎办得遥遥无期。在我前面拿号的大叔显得很不耐烦，在办理窗口外踱着步、东张西望。

这样一来，营业厅里等候的人似乎更烦躁了。

不想被这样的气氛困扰，于是拿出书来看。

突然，一个工作人员从窗口探出头来叫唤值班经理，说叫号机坏了。

这下，大叔爆发了！

"你们怎么搞的?！我等到现在，比我晚来的都办好，我还在等，我的时间很宝贵的，你们怎么搞的!"

值班经理是个年轻小伙子，有些招架不住。而上海人最厉害的招数就叫"群起而攻之"——其他等候的人也围了上去，好像这么做自己就能插队一样。

营业厅一阵骚乱，值班经理人工叫号维持着秩序，安抚着客人。

最后大叔还是办好了，轮到了我。出了银行门口，外面空气略为清凉，舒了口气，好大压力。

这世上就是有很多这样的人，未必真有什么急事，但就是不能等，好像老子分分钟赚几个亿，就被你个叫号机耽搁了一样。

开车时总有人趁机插队，让你措手不及急刹车来避让。

我自己有时也这样，容易毛躁。所以很少去要排队等位的餐厅，或者人多的游乐场。自己能选，我选择不排队。

然而，秩序这回事，靠的就是排队、等待，尊重每个人公平的机会。

不安全感驱使着我们去争夺冲在前面的机会，晚了，便宜就被别人占了。

可有一份研究表明，开车时直行不变道反而比变道超车所花费的时间要短。你觉得自己节省了时间，这只是你自己觉得而已。

人生道路上，我们也很急，急着结婚生子，急着功成名就。我们的孩子也"不能输在起跑线上"，于是有个知名教育机构开设了幼儿奥数班。

简直想告他们"反人类罪"。

我们为自己设定了一份时间表，若不能按时完成打钩，就焦虑。

我们都会死的，在前方等待我们的唯一确定的事情只有死亡，为何我们不能放慢脚步欣赏沿路风景呢？

我说想改变一下现在的生活，回归校园去享受享受清闲的日子。好友说："想到校园纯纯的恋情是男友请我吃肯德基，我会哭晕在厕所。"

大笑。

这是玩笑话，放松一点去生活，有什么不好？

尊　重

社会上总是不太平。

老实男人在相亲网站结识了漂亮老婆，短短一个多月被骗光了钱自杀；男歌手刚跟前妻高调复合，在事业爱情双丰收的节骨眼，疑似前女友跳出来指责他骗钱劈腿吃软饭；另有早前被老婆和经纪人联合骗钱骗感情的男明星，随着经纪人被抓，吃瓜群众终于稍有大快人心之感。

说到底，这个世界但凡以欺骗感情为手段达到骗钱目的的行为，最让人不齿。

可我们的日常，没那么多狗血的剧情，大多数人，没那么多值得人家来算计的东西，而我，已经连着好几周，都只在关注一个打扫卫生的"阿姨"。

每周三早上要去打一份工，是一个非营利组织的活动，创业者演讲，接着跟台下的听众交流，而我的工作是把活动过程录影上传社交网络。

活动有个有趣的名字——One Million Cups（一百万杯咖啡），大概意指创业者通向成功路上的必经之路。

叫了这个名字，当然要在活动现场提供咖啡。

有个"茶水妹"，负责煮咖啡洗杯子打扫这样的琐事，当然倒咖啡是自助的，所以没有端茶送水这样的服务。虽说是"茶水妹"，但已经不是"妹"，而是一个微胖接近中年的女子，在我们国内通常就要被称作"阿姨"了。

茶水妹既不邋里邋遢亦无花枝招展，跟参加活动的人一样，穿着清爽大方。

每次会议开始之前，她总是忙碌的，把干净的杯子放置好，咖啡壶、牛奶、茶包依次排列开。来人与她打招呼，也会礼貌回应问好。

活动一开始，她就会在旁边的角落找位子坐下，认真地听演讲直至交流环节结束。期间，茶水妹也会和访客一样，倒一杯咖啡，就着自己带来的点心或者水果，安安静静地。虽说台下的座位三三两两摆放得很随意，但茶水妹从不在会议期间穿梭其间。

每次看见她，总不经意想起以前在上海工作的办公楼大

堂有个不错的咖啡馆。有时写稿子或者见朋友都会在那儿坐
会儿。那里也有一两个"阿姨"，擦擦桌子打扫打扫，可就
这么几平方米的地方，寥寥几张桌了，也着实没什么可多打
扫的。

但阿姨们似乎是有些不甘寂寞的，清晨没什么客人空
空荡荡的店里，只要有人坐下来，她偏要拿块抹布擦你的桌
子，或拿拖把拖你脚下的那块地板，扰得你略感不得安宁。
虽说只有短短数分钟的时间，可你刚坐下想喝口咖啡、缓缓
这打仗似的早起和上班路上拥堵后的劫后余生，她偏要让你
自觉主动站起来让位。可别的位子都空着，她却不去那儿打
扫了，让人很费解。

有时下午客人多时，却听见她杵在那儿与别的员工闲话
家常，从街坊邻里的女儿嫁不出去大到集团大楼的办公室斗
争，一副消息灵通的模样。

觉得烦了，总想跟她说"我不想把脚挪开，你能不能先
拖别处"。但为了避免场面尴尬，每次也都让开让她速速打
扫完了算了。

这事儿无关痛痒，但有时与朋友闲聊，免不了吐槽
一番。

朋友往往给出的回应是，"她是个阿姨，你指望她怎么
个知书达礼知分寸呢？"

瞧瞧，"贴标签"这样的事儿，受过高等教育的人都在做，这个世界还谈什么尊重谈什么一视同仁！

然而，工作的确是没有贵贱的，但素养却有高低，一个人的素养跟学识却也没有什么必然的联系，有博士后偷东西打老婆的，也有流浪汉捐出全部身家资助贫困地区的。

一个人是否能够受人尊重，取决于他自己是否自重自爱。

08

面　子

与友人相约去泰安路（上海市中心的一条小马路）吃饭，在街边泊车。正专注倒一把拉一把的当口，收费大叔奔上来。

"你当心一点哦，前面那辆车很贵的！"收费大叔口气很紧张。

心想我可是女司机里的佼佼者，再小的位子也难不倒我。但大叔显然没给我回话的机会。

"全世界就一辆，全车改装，800万。碰了，你整辆车也赔不起！老板就在对面咖啡店。"

气氛略凝固，幸得身旁友人出了名情商爆表，连忙圆场。

"哟哟哟，这么豪啊！那宝宝要去留个扣扣号（QQ号），还卖什么冰箱贴啊！"女友设计了一款别致的植物冰箱贴，在网上卖。

她这一说，这尴尬就被嘻嘻哈哈带过去了。

虽有些被大叔气到，但一转念便觉得他是可怜人。

那800万与他半毛钱关系没有，只是一个生活底层的人被高得上天的车价震慑住了，无法排解他知道那是个有钱人的内心激动，一定要向我这种驾着普通车的普通人分享一下。

不过那车主，不管是真有钱还是假富贵，完美诠释了"街知巷闻"这四个字，小女子给你一个"服"字。

我们身边是不乏大叔这样的人的。

"我客户身价多少多少……""我朋友坐拥豪宅游艇……""我朋友的朋友认识谁谁谁……"

想来这社会可悲，满大街开豪车的，未必个个银行户头有真金白银，你却还在拿他当谈资。

中国人的颜面，是一件极妙的事情。人人虚荣好炫耀，却习惯在感情上扮演受害者。

一女友嫁的是不错的，至少在我看来男方样貌才华都算上乘。明明嫁了，孩子也生了，女友却总爱在朋友间抱怨对方不懂照顾家庭。悉里索落，都是些不关原则的小事。

"过不下去就离呗！"传说中的聊天终结者就是我。

当然不会离，是喜欢的，只是不能跟你说美满。

我过的不美满，我值得更好的，我就是在委曲求全，为了孩子在将就。

我们中国父母为了给别的父母面子总大庭广众说自己孩子不好。

"我的孩子不好，你的好！我羡慕你！""我们的才不好，你的好！"

那你们要不要交换？

在情感层面，贬低自己的处境，某种程度上，也是一种炫耀吧，比炫豪车段数高了一点。

为何我们不能坦诚自己的美满与缺失？

我虽酱菜萝卜干下饭，却内心富足，这是一种美好。我坦诚我的快乐与悲伤，是另一种美好。

（09）

红　包

立春了，大地万物苏醒。有多少人却因为一个礼拜的春节假期在复工日的今天睁不开那眯眯小的双眼？

答案中，自然有你、有我，都是不一样的烟火。

罢了罢了，吃好喝好睡好的日子终究是一晃而过，留给我们的除了肚子上那一层肥膘，还剩什么？

出门手袋里还揣着几个小红包，是准备给公司门卫和车库保安的开工利是。

（"利是"又称"利事"，出处于《易经》，取其大吉大利、好运连连之意。一般来说，"利是"大都为 10 或 20 元的小红包，多者不超过 50 元。但现在生活水平高了，利是超过 100 元也不足为奇。一般来说是已婚人士派"利是"，从大年初一到元宵节前都可派发。)

　　每逢春节，除了家庭聚会上给小孩和老人派红包以外，母亲总是很重视给那些平日里抬头不见低头见的保安保洁工们派利是。她总是会准备好很多小小的红包信封，而那些拿到利是的工人们，无论平时是和善客气或黑口黑脸的，总会变得分外喜庆起来。这过年的气氛似乎一下子就更欢喜了，而与我们之间也会热络起来。

　　如今我早已长大成人出了社会，母亲与人打交道的这些礼节也渐渐学了起来。

　　想想中国人这红包的传统，古往今来，真正妙不可言。

　　母亲是那种常年手提包里都会放一两个空红包信封袋的地道人。万一在社交场合遇到友人带着初次见面的孩子，总是要送上红包讨个吉利的。

　　节前与一男性友人吃饭，很多年的朋友，关系不近不远。人不错，喝过洋墨水，整日西装革履做投资谈金融，是终日西装前袋里要叉块手帕，彬彬有礼会给女孩子开车门拉凳子的那种讲究人。

　　闲聊间，我说一会儿要去提款机取点现金准备过年的利是。

　　"哦？你是那种给保安利是的人啊？我不给的，从来不给。"友人一副潇洒的样子。

这个话题就结束了。

友人还是单身，条件卓越，女友自然是不间断的，可能觉得婚姻累赘便没有进"坟墓"的勇气。

开口闭口都是收购公司的大项目，可连给保安几十块的利是都觉得毫无必要的人，怕是很难在中国这样讲究人情讲究人际的大环境里真正如鱼得水的吧。

我们身边，太多人仗着留过洋、高学历、好背景，却忘了我们这样的地方，是讲传统的。这大抵是为什么，外面那么多西装笔挺梳着油头的青年才俊，中文夹着英文，空有理想抱负却一事无成。

做人么？先做做人才对呀。

10

堕　落

朋友给我看照片，潮牌出了块板砖，官网卖 40 美金，国内代购近 800 人民币。

正在吃火锅，800 块？

"板砖我一会儿吃饱了路边给你捡一块。"

心想要么多点盘海鲜下锅涮。

"你 low 了吧？out 了吧？不懂了吧？"

朋友吐槽我。

"这块砖放在哪里？装饰品吗？放梳妆台上吗？可以打开吗？"

同席的一位女高音歌唱家一脸懵，不停提问。

然而，它确确实实就是一块印了品牌 logo 的板砖，不会唱歌跳舞也不能吃。

当然，品牌是有附加值的，你知我知，即便在知识产权如此飘飘摇摇的国土上，我们依旧知道，你穿上身的衣，拿上手的袋，放在脚边刻了 logo 的板砖，除了所谓的品质之外，它的品牌是有自身价值的。

台面上需要点话题，这种话题最适合下饭。

"我们这个社会呀，太浮夸了，太浮躁了，世风日下，一套公寓动辄上千万，上海新天地兜一圈，二十出头的女孩子拎的手袋都十几万。"

"亚洲人讲究牌子，欧美人好一点。"

于是我开始叨叨叨一大堆在美国时，那些亲戚朋友都不怎么追求名牌，他们活得体面舒适也不奢侈。几十美元的 Forever 21 外套一样好看，哪像你们买个大衣一定要几万块的 Max Mara。

一顿吐槽后，女高音幽幽反驳了。

留法归国的女高音去法国外派到中国的人家做客。

那些法国人，在自己国家独自照顾孩子料理家务，出门地铁公车，过得独立从容。我们向往的人生啊，就是这么没铜臭不世俗。

现在，公司给他们报销国内的住房，配车子，有司机保姆。

堕落了，连走几分钟去游泳池也要打电话叫司机过来。

那家的法国小孩说 en chauffeur（司机代替公车和地

铁，变成了一种交通工具）。

女高音说起这个有些忿忿然。

想起有一年坐飞机去圣保罗，在芝加哥转机时遇到一个美国女人独自带着很小的婴孩从上海回美国的家。

一路上跟孩子感叹"回去后就没有阿姨了"。

同桌的一个朋友在中国南方工作，他的那个城市以代加工国际大牌奢侈品闻名。朋友不断炫耀着自己一眼识别真伪奢侈品手袋鞋履的火眼金睛，以极为不屑一顾的口吻诉说着他们那里的人穿戴名牌都先把标签给剪了这种"大气行为"。

这让我联想到不久前在网上看的一个纪录片——美国上流社会的一些拿着祖上留下来的所谓"老钱"的家庭主妇们，为了让自己的炫富行为显得极为低调与充满人道主义精神，买回家的名牌衣服，先把标签给剪了。

"为了不让佣人们感觉不适……"

得了吧！

剪标和贴标，不过是异曲同工的"装"的行为，在乎名牌本身不论正过来反过去都是希望得到外界的认同。当然装也分三六九等，段数不同而已。

这世上，大抵没有什么全然淳朴的灵魂，都是环境，环境浮躁，人就堕落。老人家不是说了吗？"男人有钱就变坏，他还没变坏，是因为他还没钱。"

11

滚！

年头换了辆车，有笔置换的费用按照合同几个月退回账上。来来去去一忙就把这茬子事儿给忘了。转眼年底，想起来，联络了当初卖车的销售，对方说离了职，所有手上的 case 转给了另外一位销售。

于是拨了新销售的电话，加了微信，等消息。

随后，这戏就上演了。

该女每天朋友圈发自拍，炫富，工作时间骑马照、吃喝照。

原本只是笔小钱，被她这么无时无刻提醒，就微信她问我这单事怎么样了？对方从不回微信，极少接电话，回个短信大概要个把小时之后。

朋友圈的中心思想是变着法表示："大小姐我忙死了，不差上班这点钱，家里有的是钱，工作一忙我就累、憔悴、心碎、想念我马场里的小乖乖，你们这些屌丝客户少给我来哔哔哔。"

毛掉，屏蔽，放弃与此人沟通再浪费我的时间，直接致电4S店大boss解决这件事。

我们身边不乏这些"不为钱上班"的人，他们家庭富裕，不靠这份工钱养活自己。"工作"美其名曰学点东西充实自己不与社会脱节等等等等。

世界真的变了，父母那代穷得叮当响，为了生计努力拼搏，白手起家才受人敬重。如今米虫都在横行霸道。

但是，你家里有钱，跟你不好好做事，是两码子事。老板出钱雇你，不是让你来扮演职场玻璃心。

你吃穿用自己的，再豪也轮不到别人管，你炫富也是你的事，但公私要分明，你出来做事，就不要顶个"富二代"的头衔为自己的不专业买单。

我只想跟这位销售说："要么好好做，要么立刻滚！"

初入职场的头几年，遇上过一次危机，差点辞职，现在想来颇为幼稚。

记得那时公司人事主管与我促膝长谈，说了几句话，至今记忆犹新。

她说"新人难调教，尤其是家里条件好的，骂不得说不得。可是，家里有钱的出来做事，要证明自己的能力，得到认可，就要付出更多的努力。"

一点没有错，你父母的钱不是你的实力。你若选择了不做米虫，出来做事，不管赚多赚少，都要诚恳且专业。

周冬雨凭《七月与安生》拿下台湾金马最佳女主。此女假装纯真木讷与同获奖的马思纯扮演如胶似漆好姐妹，却在领奖时"捅对方刀"。

"我家里没一个从事电影的，我觉得自己这样特别光宗耀祖。"

你这是把身旁那位阿姨蒋雯丽、姨夫顾长卫的马思纯钉在怎样的杠头上呢？是高招儿！

12

富二代

　　近日看了篇网上的推文，是那开盐焗蛏子店（现在已经宣告关闭）的Z小姐的号，标题叫做《如果男人不舍得给你花钱》。

　　看完略愤怒，这世道就是这种自诩公知、情场老资格，实则只博点击量的文章太多，教坏年轻女生。

　　文章大意是女孩子谈了个身价十几亿的富二代男友，却没有收到预期中的豪包豪车。男友从家乡给她送了有机红薯，她忍了。生日到了，男友给她送了不甚名贵的玩偶，她终于哭了。

　　然后作者一顿吐槽，列举了很多自己和旁人的例子，劝说广大女性远离在送礼这件事上"奇葩"的男友们。所谓

"奇葩"，无非就是没有H字头的包、没有B家的鞋子、自身有钱却在送女友礼物上"精打细算"的男人们。

文章的字里行间理直气壮，觉得要经历这样青涩收礼的年岁，才能练就让男人乖乖给你送上你心仪的豪礼的真本领。

时代已经进步到分分秒上月球的今天，我们的KOL（Key Opinion Leader／意见领袖）却还在教女人们寻觅个有钱的男人，还要在这些有钱的男人里筛检出肯为你一掷重金的那一枚。

我们是否看多了香港富商为追女星购豪宅、送游艇、高价拍得"I Love You"车牌的八卦消息？可惜的是，我们都不是女明星，我们也没几个人真的能做到"食得咸鱼耐得渴"。那些把男人爱你就该为你花钱的论调捧得高高的平凡女子，多是仗着自己年轻，有几分薄弱姿色，抑或干脆是眼瞎。便妄想不劳而获，把别人当成傻子。

要知道富二代之所以为"二代"，是那上"一代"勤勤恳恳、忍常人不能忍、苦常人不能苦，才有的家底，凭什么要动辄几万给你买个手袋、几十万给你买辆车？

你！凭！什！么！

感情其实是最骗不了人的，爱这种东西若是真的，对方能感觉到，不是银货两讫。你若把自己放在奢侈品能打倒的行列，也就放弃了被对方尊重的权利。

一发小，从小就长得极好看，是那种大家都穿着校服不懂打扮的年代也能在人群中被一眼识别的出众美貌，但她从不觉得自己长得漂亮就该找个有钱人，努力读书努力上班，嫁的是普通同事，安心相夫教子。

有多事的旁人为她不平，"你长得那么好看是浪费了！"

她却道，"我在过我自己的日子，努力工作，亲力亲为教养孩子。什么是浪费？难道要靠一张好看的脸去换取更优越的生活才叫值得？"

另一好友，喜爱打扮、喜爱奢侈品、喜爱旅行，所有"物质女"喜爱的东西她都爱，但她靠自己——工作赚钱，再努力花钱。嫁的是普通的男人，与他一起互相扶持，一起享受人生。

她说，"我从未觉得自己要的生活需要靠别人。"

不是旧社会了，不管有钱没钱的男人都不傻，有义务给你钱花的只有父母，姑娘们，醒醒吧！

(13)

恻隐之心

朋友来家里玩，临近饭点，懒得外食，家中亦无可招待的，于是在外卖 app 上点了披萨。比用餐高峰早了片刻，心想不会等太久。

过了个把钟头，外卖员来电，说路上把食物洒了，一会儿上门若缺了什么会赔偿给我们。

又过良久，大人和孩子都有些饿了。尴尬的是若再叫其他的食物已到了晚高峰时间，要耽搁许久。可这披萨也不知什么情况。

简直焦灼。

朋友暴脾气，已经开骂。

"这路上洒了就应该马上回去重做或者退单，现在算什么！"

门铃响了，那快递员是个很年轻的女孩子，戴着口罩，羽绒服帽子，很冷的样子。

食物有一半已经在半路扔了，送到的披萨和意面里面虽没坏，却卖相难看，盒子已经烂了，食物凉透。

女孩说别的助动车撞倒了她的。

"我把其他的钱还给你。"那女孩声音有点抖。

"你人没事吧？"

问出这话时我有些闪躲，一方面觉得可怜，人不要撞伤了，另一方面觉得这样态度友善，要再强硬起来责怪她好像又有点不妥。

那女孩子走了。把扔掉的食物原价还给了我。

朋友依然骂骂咧咧，因为着实让人不愉快，那些披萨与意面早已凉透，包装盒明显是从地上捡起，把桌子什么的都弄得很脏。

现在的外卖评分系统很是可怕，"给我一个五星好评哦"是那些外卖员临走时必说的话。她是不想再受罚，自己把食物的钱赔了是最划算的方法。

犹豫着要怎么去评价这一单呢，事实上，是差到了要投诉的境地。

可是，太可怜了。一个外来妹，不管是不是撒谎，是否真是人家的车子撞了她，还是她自己不小心，都不是值得去追究的事情。

这一餐，自然是泡汤了。

那一晚，时不时会想到这件事，恻隐之心涌出，觉得可怜。那么冷的天，一个瘦弱的女孩子开着电瓶车送外卖，摔倒了，还要去面对善后的事情。

朋友耿直，是非黑白分明，一直说，不要过分同情，外面作奸犯科偷盗抢劫不诚信的也是这种人。

我不反对，世道很乱，有很多怀着同情心的人总被利用。

但对这个女孩子来说，这是很糟糕的一天吧。很多年后，若她在这个城市站稳了脚跟，回想起刚离开家乡来大城市打拼的日子，送外卖受了伤，还要赔钱，应该在她的记忆里会成为抹不去的一天吧。

我们都是好命的人，父母庇护着，从未吃过这种苦。

可出了社会，我们也会遇到这样或那样的困境，因为别人的错把事情搞砸了，总希望能得到对方的宽恕，不要死缠烂打追究到底。

我想，那女孩心里也希望今天订披萨的是这样的人吧。

算了，都是人生父母养，总希望自己的子女和爱人在外面遇到的，都是好人。

每个人都有恻隐之心，可它时而包裹着难受和愧疚的外衣，也伴随着某种厌恶与嫌弃。总之，是很复杂的情绪。

14

偏　见

　　新认识的朋友从没来过中国，他说，"请拍一片你那里的天空，让我看看与我想象中的有何不同"。

　　上海入了秋，蓝天白云格外美，朋友圈又到了不拍天空不合群的日子。

　　这要求，来的正是时候。

　　"与我想象中的不同，跟我在电视和网络上看到的也不同，空气看上去好得很。"

　　是呀，我们并非日日生活在雾霾之中，污染不只在我们这里。这世界，每个角落，坏的好的都有。

　　六月的时候，在圣保罗的大街上，光天化日之下被个小毛贼抢了手机。那个城市，治安不好，有很多强盗，公然抢劫，抢钱抢手机抢金银首饰。

"你在巴西啊？那里很乱的呀！！！"

我的朋友，大多是这样问我的，而他们从未踏上过南美洲的土地。

"的确是有点乱……"而我最想回答的话是，"但那里很美，人很热情，东西好吃，天气棒棒的。"

这个治安不怎么好的城市，却是我有许多幸福感的地方。虽然，我也痛恨盗贼。

然而，从没有什么别的国家像巴西那样，历史上从未经历过流血战争，即使从殖民国葡萄牙的独立，也"随随意意"地就被葡萄牙王子宣告了。这样一个浪漫随性的民族，大地肥沃得随便洒下什么种子地里就能结出果实来，的确不需要像我们亚洲人这样，为永远填不满的不安全感勤奋努力、汲汲营营。

这个世界，哪里都有污染，哪里都有犯罪，污染不一定只在我们这里，犯罪也不一定只在别人那里。世界太大了，对于那些陌生的地方，我有的心存美好的向往，又有的充满了误解与反感，印象大多只来自媒体、文学作品，或者接触过的人的那些只字片语。

而我们之所以迷上什么地方，喜欢吃什么东西，中意上什么人，其实也并不一定真的因为他们有多好。这笔账，是算不清楚的。

深秋时，采访一位英国来的教授，在上海呆了好多年，甚是喜欢这里。问她为什么，她说"建筑各式各样，不像英国，造得不动脑筋。"

可我们有很多人向往那欧洲古老贵气的建筑呢。原来"外国的月亮比较圆"不仅适用我们中国人。

新认识的朋友，十几岁离开家乡去美国留学，为了毕业后留下来，继续深造、创业、恋爱，使了洪荒之力。问她为什么？

"空气好环境好，在外面久了，已经不能适应国内的生活，回国连过个马路都战战兢兢。"

年末，一位旧识回国探亲，在欧洲生活了十多年，早已拿了身份，工作稳定。突然说打算回来，辞职、搬回来、创业，问他为什么？

"毕竟是国内的机会更多。"

大学时代的室友，随丈夫去了法国，辞了工作，离开了朋友和家人。走时说，"吾心安处便是家"。

究竟哪里好？那里有什么好？这里有什么好？

说不清楚。

年前看了王菲被吐槽为"车祸现场"的幻乐一场演唱会。

　　人生苦短，匆匆那年，王菲转眼 47 岁，女儿已成年，在演唱会伴唱，呼声高过天后。

　　天后没有老，歌声空灵，造型美得无可挑剔。再走音，也改变不了她一呼百应的得天独厚。一个人，能活成她那样，外人骂也好、捧也好，我只管我结婚离婚、再结婚再离婚，女儿长大出道了，自己依然活出少女的滋味。是"自我"。

　　子非鱼，焉知鱼不乐？

15

We don't judge

空气冷冽却阳光明媚，天空碧蓝。经历了人心惶惶的雾霾，竟萌生出一种大病初愈的心情——好空气如健康一般，得来不易。

于是，在低至零度的阳光下跑了将近十公里，真是一件极舒畅的事。

近日重温 1998 年金城武的成名日剧《神啊，请给我多一点时间》。片中男神扮演了一位流行音乐教父，爱上了感染 HIV 病毒的女粉丝。由当年 16 岁的深田恭子出演的高中女生得知自己感染了艾滋病毒，生活一下子崩塌了。

金城武拉着她的手狂奔在街头，"奔跑时，忘记了自己生病的事。"

90年代的日剧情节虽也狗血，但所展现出来的那种励志和积极向上绝不是如今那种物欲横流的影视作品能媲美分毫的。

在奔跑中忘却自己的病、生活中的烦恼、工作和感情的困扰，是比什么烂醉如泥哭天抢地的惺惺作态，都要令人振奋。

只是你不曾尝试过，也许不会懂。

对于不曾经历的事，我们总想表达些什么，但不论说什么，总有失偏颇。

多年前，一次与两位同事一起坐车去外地工作，当日来回，完成工作已经很晚了。回途中一位同事给家里打电话，嘱咐丈夫带孩子去家门口的小餐厅等她，说今天没有时间准备晚餐，随便打发一下，孩子要早睡的。

同事下车后，另一位便冷冷地评论起来，"看看这生活，被孩子拖累死。"这位年纪不大，却已是公司高层，为了事业或其他吧，与丈夫决定做丁克，不要孩子。

那时我只是个新晋菜鸟，领导说什么，我也便附和什么，"是哦是哦，那么辛苦工作一天，回去还要操心孩子。"心里也颇为认同，觉得那女同事的生活，与外面的天色一般灰暗。

时隔多年，有孩子的女同事还是那个样子，孩子一天天大了，她的烦恼从孩子的温饱变成孩子的教育。而丁克女跳了槽，幸不幸福，我不知道。

其实幸福，与有没有孩子、有没有结婚、有没有喜欢的工作，究竟有多少关联呢？

回想这些年来，我自感最幸福的瞬间，包括了孩子出生时的感动、与朋友分享美食时的喜悦、家人给我发来短信说不管发生什么样的事都会陪我一起，以及昨日在寒风中奔跑的那一个小时。

我们身边的人，有人单身，有人结婚，有人生孩子，有人生了不止一个孩子，也有人不要孩子。这是绝对没有是非对错好坏之分的。可是，偏有人，选择了自己的生活、决定了自己的状态之余，偏要把别人划分到错误的那一端。

一个同年的朋友，没有孩子，与妻子过着外人觉得神仙眷侣般的生活，没有房贷车贷的压力，赚了钱便休假出国到处玩。

可他偏偏要把别的群体打入被批斗的行列，时常在朋友圈发些"要孩子干嘛！要二胎就是中国人虚荣心作祟，别人要了你也要！"等等等等。

明明可以把旅行生活的美好分享给朋友的一个人，偏偏要用自己的不平衡污染朋友圈。

你没有孩子，便没有资格说有孩子的生活是不好的。你没有钱，便没有资格说有钱人的烦恼太多。每一种生活都有快乐和痛苦，生活本就不易，没有唾手可得的东西。

好比有长辈一起照顾小孩，你可以轻松自由很多，却难以避免婆媳共处一室产生的矛盾；你独自一人操持孩子，他必然更为守规矩好带，可连轴转的家务事哪有不累人的。

没有百分之一百的好与不好，所以，我们都没有资格去随意评论不曾经历过的生活。

过气经典美剧 Gossip Girls（绯闻女孩）一开场，女主角做了点离经叛道的事儿，于是一群朋友聚在一起，希望她讲出真相，说了句"We don't judge"（我们不评判）。

真的觉得好棒！

不论你做了什么，出于什么原因与目的，作为你真正的朋友，我们不会来 judge 你！

世间没有完完全全的感同身受，却管不住那张嘴去评判——我时常这么检讨自己来着。

（1）

表姐的儿子今年升高中，读书不太用心，表姐心焦。离新学期开学还有两天，寒假作业还没完成，家庭战争打得如火如荼。

听说表姐要请两天假，在家监督孩子做功课。替表姐心累，跟表姐说，读书随他去吧，爱读不读。

说罢便后悔，心中那个理智小人出来垂打胸口，无数次。

谁人不望子成龙？之所以说出了风凉话，是因为自己的孩子还小，离上学还有个把年，眼前顾得上的只有把屎把尿。

（2）

同学聚会，一女同学说准备年后辞去工作带着年幼的孩子去国外生活。

"你这样为了孩子牺牲也太大了！"同桌另一位女同学脱口而出，一本正经。

这一次，我的小锤子想锤打这位单身白目女的胸口。

可有孩子的女同学显然是情商智商上乘的代表。

"不是只为了孩子，当然更好的生活和学习环境是原因之一。主要是我自己也想学习更多的东西见更多的世面，跳出现在的 comfortable zone（舒适区）。人生苦短，不想过千篇一律的日子，想活得更精彩！"

鼓掌！满分！

（3）

年轻的学弟，初恋遇挫，对方一脚踏了好几船。分手后，便打不起精神，凄凄惨惨，对爱情失望。

聚会上，学长们的言论出奇一致——"这算什么事儿？等你多谈几次恋爱，多受几次挫，找到了真命天女，初恋这一出你连回忆都懒得回忆。"

话虽不错，但对于未经历过的人来说，以后的事，他只能预想，不能体会。此时此刻，他能感受到的大抵只有初恋的刻骨铭心、被背叛的伤痛，以及现实与期待不符的挫败感吧。

感情之路，本就是被这些挫败和伤痛成就的。而这些风凉话，唯有经历过的人自己回头看，才有资格说。

（4）

春节伴随着第一个月圆日宣告正式结束，返城高峰在今天这个工作日来到。

外来务工者们节前为了回乡过年，高价票照买，现在又要大包小包回来了。中国每年的春运已被外国媒体形容为"人口大迁移"了。

"折腾！！何必一定要在这个时候回去？搞得城里保姆荒快递中止，花了不少钱回去，现在又挤回来了？"

城里人的风凉话大多是这样的调调。

可中国人那树要皮人要脸的哲学是世世代代传下来的。

离开家乡的父母和孩子，在外务工赚钱的人，不就是为了每年的这个时候，能打扮得山青水绿，提着大包小包回家——衣锦还乡的执著，不曾经历过的人，不会懂。

我们活在一个人与人空前紧密联系的世界里，以前有邻里街坊家长里短，现在有微信微博，一举一动一言一行前所未有的透明化，于是更多的 judgements 来自身边的人甚至不在身边的人。

然而，科技发达，始终没有改变一件事——少有感同身受，任何评价都只是风凉话。

Chapter IV

—Key words：食 / 物 / 絮 语

—序语：一叶一菩提，

成就渺小又伟大的人生

01

慈溪年糕

朋友突然寄了盒年糕给我，附带着对这平凡到不能再平凡的吃食满满的溢美之辞，说去日本和韩国吃的最高级的年糕，都比不上这次在宁波慈溪尝到的惊艳，一定要与我分享，颠覆我对年糕的观感。

朋友是挑剔到令人发指的那种人。所以我姑且信了他，但依然心存怀疑。

上海人的家庭，很多祖辈都在浙江宁波，对宁波年糕自然是熟悉到不能再熟。母亲也祖籍宁波，虽听不懂宁波话，做不了宁波菜，但喜好糯米食物却似是活脱脱的宁波人。

家里时不时会有宁波的远亲捎来的年糕和点心，但说实话，想到糯米这东西容易令人发胖，我一直是不大喜欢的。

若勉强回想，最喜欢年糕的安生之处，除了麻辣烫里偶尔点几根，毛蟹年糕里浸透毛蟹鲜香的浓油赤酱的年糕，母亲偶尔偷懒也会炒个黄芽菜肉丝年糕打发我们一餐饭。

这样看来，是从未认真对待过这本身并无太多滋味和特色的东西。

为了不辜负朋友的一片用心，中午在家特意水煮了两条年糕，蘸糖吃。

品一品这原味，糯米的清香，嚼劲足却丝毫不粘牙，比起日本年糕过分软糯的确略胜一筹。

两块多钱一斤的米打出来的年糕竟可以如此好吃！不免感慨，这最好吃的年糕，竟如此平价，且一直在唾手可得之地。

可是啊，人心总是一样顶顶奇妙的东西，一直在身边或轻而易举能得到的东西，自然显得不金贵。

武侠小说里，要去天山摘一朵四十年一开的雪莲做药引方可药到病除。你要为我摘下这天上的月亮，才能证明你对我的爱。

王菲唱几首歌，看台票要买到七千多元人民币，一开票即刻售罄。她戴着墨镜很"无奈"地说"身外物，真的是一种负担。"

但这一场秀，又为她增添了好多负担呢。

　　可人心之"贱"，就在于念念不忘那些显得遥不可及求而不得的东西。

　　自小喜欢黎明，帅气、高冷、又带着些许不羁和忧郁的气质，符合心中白马王子的所有外在条件。一场《今夜百乐门》却将幻想粉碎——年轻不再略发福却依然温文尔雅，一点都不是问题。可跟着一班初出茅庐的年轻谐星唱唱跳跳玩游戏，自嘲唱歌走音没演技不下五次，就太没架子了。

　　离观众太近了，不值钱了。

02

凤梨汉堡

日前麦当劳推出了一款新品，主打凤梨和牛肉的组合，广告说是米其林二星餐厅大厨的创意。且不论套路多深，电视里那牛肉饼流出汁水的画面轻而易举征服了我。

然而，追求幸福的道路终究是崎岖坎坷的——到店，限时供应的新品，卖完了。

后来，麦当劳可能备了太多凤梨，又推出了本宫凤堡，那是虾和凤梨的组合。因为心心念念的星厨牛堡没有了，我又正儿八经地去吃了一次本宫凤堡。而事实上，我并不是一个喜欢吃虾的人。

一好友，初恋是个潮潮痞痞的男孩子，她说她就是喜欢长得白净好看性格大大咧咧的人。多年后，分手了，她说脾气不好，在一起累。

我说长得好看的多了去了，再找。

后来，女友找了个有钱的。但这世道，有钱的男人，挑挑拣拣的余地太大。再后来，女友换了个性格不错也对她很好的，只是没有钱。女友很纠结，说不知道怎么决定。

你不是喜欢白白净净性格直爽的吗？后来才明白，她的执念，是一个帅气多金又性格好的完美男友。

人最怕的大概就是自己也不知道自己要什么，又或者什么都想要吧。

人生变数太多，不受自己控制的事亦占了大多数，执念拖累人，随遇而安会活得开心洒脱点。但可笑的是，我们执著的点有时却也在内心摇摆着，搞不清你到底是挚爱那块多汁的牛肉饼，抑或只是没有吃到的不甘，最后连凤梨也不放过。

（03）

网红青团

　　昨天托了点关系给身边的好友送了圈时下最当红的杏花楼出品、俗称"网红青团"的咸蛋黄肉松青团，受欢迎程度比肩上周生日宴会上请大家喝香槟。

　　这青团走红于2016年的清明节前夕，坊间传言几十块一盒的东西最高黄牛价到过800块人民币，排队时长破过8个小时的记录，连港星余文乐也曾在社交媒体上发过照片助兴。

　　对于从来不排队吃饭的我来说，这已经超出我的认知。

　　昨天送青团的时候，内心还是纠结了一下，青团这东西在去年之前、也就是网红青团问世之前，是没有人当礼来送的。中秋节的月饼，端午节的粽子，传统佳节礼尚往来一番，还尚且说得过去。可青团，还能说什么？大家自己体会。

我只能说，让我们一起尝个鲜，做不了网红，那就吃几口凑凑热闹吧。

上海这地方，但凡能上网红榜单的食品，大多红得没什么道理——冰激凌、蛋糕、青团、奶茶、肉松面包。

网红青团横空出世，背后并没什么催人泪下的故事，也没似葱油饼阿大的深料可挖，只道专做中华传统点心的杏花楼，去年春天新聘了个经理，这女经理想求表现来个创新，就推出了不同于以往甜豆沙馅料的咸蛋黄肉松馅青团。其实这搭配并不那么高科技，你去卖糍饭团的点心铺头，咸蛋黄肉松馅存在了不知道多少年。

然而，不知是清明节普罗大众太闲，还是这女经理祖坟冒了青烟，咸蛋黄肉松青团火了，各大媒体争相报道、朋友圈疯传。

当然百年老店的招牌还是锃亮的，虽然谈不上特别高明的市场营销手段，但起码把质量把控好，火爆盛况今年再次上演。

今年的咸蛋黄肉松比起去年的处女秀在面皮的柔软度、馅料的配比上是有过之而无不及的。人家也加派人手在分店一起制作销售，满足客户需要。

身边一个女朋友，但凡上了网红榜单的东西，一定要吃到！

于是男友倒了霉，不排队去买就不够爱她，寒风瑟瑟乍暖还寒的早春时节，四个小时鲍师傅四个小时喜茶，排到青团已经只剩半口气。

女友拿到吃的，拍照发朋友圈，尝两口，味道不过如此，也算吃过晒过了。

还有的朋友，不差钱，排队多掉身价!？出黄牛价、叫跑腿软件，300块一盒青团到手。当然也不是趁新鲜吃，而是趁新鲜拍照晒图的。

不是说不好吃，而是有什么东西能好吃到向黄牛高价购买，抑或排几个钟头的长队呢？

每个人有自己的价值观，自然在金钱和时间上有自己的衡量和取舍。

We don't judge！

昨天去街角的老牌点心店吃一碗汤面，对面坐下来一个老先生，年纪很大了，有点颤颤巍巍的。点了碗大排面，面上来后他细细挑走葱花，可见是疙瘩的人。

看着价目版喃喃自语。

"豆沙青团，24块一盒，6个，一个4块钱，现在物价贵。"

他重复叨念好多次。

我心里极想跟他说，现在网红青团起版十几块一个，上不封顶。

但所谓"网红"，是不上网就失去价值的东西。可吃到肚子里的东西，隔着手机屏幕是闻不到香尝不了鲜甜的。

04

巧克力糖

百无聊赖，吃一颗巧克力糖，发现包装纸上写着保质期
42 周。

我是个资深包装说明阅读爱好者，就是吃东西要强迫症
般地读包装纸说明书，上厕所时连脚跟旁消毒剂上的文字说
明也不放过的。

话说回来，巧克力糖的包装纸上写着保质期 42 周，不
是一年两年半年这样简单易算的日子，便在心中盘算起
来——一个月有 4 周多几天，42 周差不多就是 10 个月。生
个孩子的怀孕周期是 40 周，差不多就是那个时长。

什么东西都有保质期，什么东西都会过期，连卫生纸也
会。金城武在王家卫电影《重庆森林》中最著名的关于凤梨

罐头的对白，也是这个意思。

"我们分手的那天是愚人节，所以我一直当她是开玩笑，我愿意让她这个玩笑维持一个月。从分手的那一天开始，我每天买一罐5月1号到期的凤梨罐头，因为凤梨是阿May最爱吃的东西，而5月1号是我的生日。我告诉我自己，当我买满30罐的时候，她如果还不回来，这段感情就会过期。"

看来，每个人对事物都有着自己的计算方法。

早年家中经营小生意，一到春节，年初五迎财神的凌晨和大年夜的烟花爆竹放得一样凶，整条街似着了火般。儿时记忆中的过年，与烟花鞭炮紧密相连。

放得越旺，来年运势越旺，是一种成正比的衡量。中国人迷信，但这千百年的传统，着实让人安心。

现在要环保，连上坟都不准烧纸钱，说一束花可代表一切。心里觉得祖先大概手头要紧，打个麻将也只能用糖果糕点做输赢了。

絮叨回来，量化这玩意儿，也的确有意思。

超市里买一包微波炉爆米花，说明写清"叮"（加热）1分45秒。真妙，少一秒不熟，多一秒爆炸么？

煮水饺馄饨之类的，加三次冷水烧开，就熟了，这是长长久久以来的生活经验，把时间的量化转化为烧水来衡量的确容易记得多。

一次在美国，腹痛入院，护士问最多十级的疼痛到了几级。不习惯这样量化疼痛。时不时来问，烦了。"不知道几级，总之就是痛。"

食物的变质腐烂经过精密地实验和测算，超过42周的巧克力糖便不能再食用。于是在想，从生产日起的42周，到底是一夜之间就腐烂，还是逐渐变质。自然没有这么无聊地去观察，但偶尔也会想这量化本身，要如何来衡量呢。

朋友结婚七年，周遭人开她玩笑问她"痒了没?"她认真询问这"七年之痒"究竟是第七年起算抑或过了七年再算? 也是引来哄堂大笑。

父母总会跟小孩开玩笑，"比较喜欢妈妈还是喜欢爸爸?"

孩子会说，"都喜欢，一样多。"

这世间，大抵只有对亲人的爱是一样的吧?

有一天父母与我开起了相似的玩笑，问说"与谁一同散步比较开心? 妈妈还是爸爸?"

我笑了，这么大的人被问这样小孩的问题，觉得着实窝心。便胡扯是妈妈，于是爸爸便娇嗔起来。

其实，妈妈还是爸爸，不管是谁，能与我一同散步，都是幸福至极的事情，哪里需要衡量和比较?

好似你问我，梁朝伟还是金城武，你比较喜欢哪一个？是约会吗？那随便哪一个，我不挑。

当然是说笑了。

只是，对一个人的爱要多至什么程度，才会不顾自己的付出、不计物质上的获得、不管对方的对错？这取决于每一个人自己，没有标准答案，也没有42周或4级疼痛这样简单的量化可供参考。

05

牛肚拉面

特地驱车将近 20 公里到市中心，去吃一碗听说最近很受欢迎的牛肚拉面。

面条，一直以来都是我心目中孤独食物的代表。在日本有一种面店，厨房和餐桌间只有一个搁板，而客人独坐在只容纳一人大小的桌椅上，左右也被隔板挡住，从点餐、上菜到吃食，都不需与任何人交流，适合极了独自一人用餐、不想与人说话、也避免了因为一人用餐引来侧目的尴尬。

的确，若你只有一人吃饭，去吃碗面条打发一下，真的是最合理不过。独自一人，极少有去吃火锅的吧。

话说回这在当地华人圈很富盛名的牛肚拉面——牛骨汤底很鲜、手工擀的面条 Q 弹、牛肚也料足且新鲜。

只是，端上来尝了第一口，已经不烫了，温温的——一碗汤面凉了，心里已经退了货。

我们这些普通人经历过的爱情也好、友情也好，最让人失望难受又无处申诉的大概就是原本滚烫的温度不在了。你心里很明白，也没什么大事发生，只是过了如胶似漆的阶段。

真是老生常谈的话题，想来这心情就如满心期待却吃到了温吞的汤面。

新认识的朋友、新开始的恋情，总是让你充满了好奇新鲜，恨不得二十四小时不睡觉。渐渐的，就倦怠了，于是再次认定，这是热情不是感情啊。感情就是细水长流，随着时间积累得越来越深的东西，例如家人之间，或者如亲人般的友人之间的。

前几日与朋友相聚，漫长的闲谈间，竟有那么两个瞬间，两人分别红了眼眶，都是在谈到及自己的孩子时，一个心疼孤身在外的孩子奋斗的艰辛，另一个则是想到独自带大孩子跟孩子间那种旁人无法取代的相互依恋。

就在那一刻，深觉唯母爱这个东西，如此滚烫，永不冷却。

可是，我们在爱情中，却难觅这永不退却的热情，自己或对方，都有着成千上万的理由去冷却原本的温度。但不管怎么样，冷掉了，别的再好也终究是白搭，就不想再要了。

06

白　饭

　　先前跟一位同事吃饭，她说很爱吃米饭，不就菜也可以吃大半碗。紧接着，说95后的特质之一便是如此，以证明自己依然是个少女。

　　直接回敬她一个大白眼，"饭桶"！

　　当然，这只是个下饭的玩笑话。

　　不过，后来发现，小孩子的确喜欢吃米饭，淡而无味的白饭被他们吃得津津有味。而我，不加酱料的汉堡也难以下咽，又累又饿的时候最想吃的是麻辣火锅。

　　最羡慕小孩子的，就是那吃得出食物原味之美好的天赋，对成年人来说淡而无味的牛奶、米饭、面包，都很香。

　　可随着我们渐渐长大，尝到的东西越来越多，中餐西餐、五湖四海、酸甜香辣。我们知道了，这世上不止白米饭、不止水煮蛋、不止牛油果。我们知道这世间的美味可以煎炸蒸煮、这世上有油盐酱醋各色调味品，令我们盘中的食物口感丰富、层次似可以叠加到宇宙的尽头。

很累很饿或者很沮丧的时候，总会心心念念一个麻辣锅，最好蘸沙茶酱配香菜末。如此之重口味才能慰藉自己的胃、自己的心。

想想成年人的味蕾竟然如此难以满足，不似孩子单纯。

身边不少人有这样的论调，"健康与美味总是两难的，那些健康食品怎么会好吃？"

也是，重油重盐的食品总是比较入味，炸鸡总是香得诱人。

有个表姐，明明尚且年轻貌美，却总感叹自己年纪大了，然后还要加一句"口淡了"。厉害了 word 姐，一定要把重口味人群拉入中老年行列也是你阴险毒辣。

而最可怜那些因为常年抽烟味觉变得麻木的人，他们吃什么都没味道，真是生无可恋。

扯东扯西一大堆，不论真假，为了稍许感染一些 95 后的少男少女气质，晚餐也应该细细品味白饭的原味醇香。

愿各位朋友时而回顾婴儿的美好，喝白水也甘甜。

07

可丽饼

　　上海的初冬伴随着雾霾在乍寒还暖间拉扯，如我们面对感情时那份摇摆不定的心情。

　　周末和友人们相约去看艺术展，气候阴冷，天灰蒙蒙，同行的人都疑惑没做什么力气活儿却倍感疲惫，于是展后迅速钻进一家可丽饼店，就着热腾腾的或咸或甜或撒上白兰地的可丽饼喝一杯苹果酒。

　　可丽饼是舶来品，有各式口味，一个朋友说以前只道可丽饼是甜品。

　　我也搭腔，说自己第一次见到这种食物，是学生时代上海某个小资情调的小马路上开了一个专做可丽饼的小店，可不是如今法国餐厅般可以饮咖啡、白兰地和苹果酒的高级模样。

"可丽饼本就是法国人的街边小食，我第一次吃是在巴黎铁塔角下的路边摊。"

这位朋友说。

"哇，高级！"

在座的人开始起哄。

"不是不是，那不是一个高级的事儿。"

朋友忙着辩解，随说起他关于可丽饼的初回忆。

多年前，朋友还是个穷学生，在欧洲留学，跟同学结伴去法国旅行，天寒地冻，在巴黎铁塔下，老外同学点了意面热汤。

"巴黎物价好贵，我买了最便宜的法棍。可是，那么硬邦邦，居然还是冰冷的。我那时真的很饿很饿。"

朋友说着这话，在开足暖气的餐厅里，我们都努力地想象那份饥寒交迫。

于是朋友偶遇了他人生中第一个卖可丽饼的小摊，吃到现做的热腾腾的可丽饼，落下了人生中不可磨灭的回忆。

其实，可丽饼这玩意儿绝不是我们非吃不可的食物，尝个鲜凑个热闹而已。我们又不是法（注意第四声）国人。

遂感叹这食物于人来说，真是那份情怀而已——什么心境、什么情景、什么环境下，一碗阳春面、一个甜大饼都可以让人吃得痛哭流泪，说的就是这么一回事儿吧。

多年前，好友遇上了一个人，喜欢上了他。

那男的正值人生落魄的时候，赚钱的方式游走在灰色地带，遇上了点事儿还要跑路。何种境遇下，女友都轰轰烈烈地追随着，几乎落个众叛亲离，她以为那是爱情。

他们在一起很久，分分合合，男的境遇差的时候便觉得这世上再遇不上这样对他掏心掏肺的女子，要珍惜，境遇好的时候便对女友若即若离，纠结自己是否真的爱她。

后来，他们还是分了手。分道扬镳，各自安好。

女友终于清醒，自己对那男人来说，自始至终，不过只是寒风里巴黎铁塔下的那个香蕉可丽饼而已——便宜、唾手可得、又热腾腾的。

时隔多年，那男人又出现在女友的家门口，说历经铅华，还是觉得女友最好，想复合，而女友已不想再做那个悲哀的可丽饼了。

人生啊，此一时彼一时，看你自己怎么选了。

08

酸辣汤

胞弟大婚，父母的几个朋友特意从巴西飞来上海道贺。婚礼过后，带着其中一位相熟的女性长辈去外面逛逛，尽下地主之谊。

中午吃饭点菜时，征求长辈的意见，她没什么特别的要求，唯独想尝尝酸辣汤。

小时候在巴西生活，中餐馆的汤品都是简单的食材，不是豆腐香菇木耳做成的酸辣汤，就是撒了些香菜的西湖牛肉羹。从华侨后代到当地洋人，大抵只道这是中华美食之全部了吧。

酸辣汤这东西我自己已经很久没吃过了。上海的餐厅日新月异，各地美食、各大菜系应有尽有，餐厅里的汤款也大多用比较高级的食材来吸引客人。的确很少会跟家人朋友在上海的餐馆里点酸辣汤来喝。

带长辈去的这家餐厅，小笼包、点心和酸辣汤都做得精致可口。长辈很是满意。

"小时候，我父亲带我们去中国餐厅吃饭，一定要点酸辣汤。他说酸辣汤做得好不好，就能看出这个做菜的师傅是不是大厨。"

长辈的中文磕磕巴巴的，父辈半个世纪前从台湾到了巴西，在那个遥远的南美洲奋斗一生，养育了一大家子人，现如今长辈自己的三个孩子也已成年，大半辈子就在异国他乡度过了。

说起她父亲，我们都有片刻沉默。那老先生和许多老一辈的华侨一样，对子女非常严厉，即便富贵，也要求他们勤俭谦逊，尊崇传统，过生日在家煮米线。老先生退休后想在晚年游历祖国的大好河山，却在一次桂林的旅途中突发心脏病过世。

如今很多年过去了，长辈是个极为温婉得体的女子，从不提那些令人难受的事。但说起酸辣汤，却红了眼眶。

父母与子女在情感上的连结不论过了多久多久，真的是一口汤、一句话，就能让人瞬间红了眼。

胞弟大婚过后，自然搬去了新家，我早些年已离家居住，所以原本热热闹闹的四口之家现如今剩下了父母二人。

"你弟弟搬走了，我竟然觉得有些不习惯。"

很难想象这话出自大大咧咧的母亲之口，她平日里还总抱怨我们若回家吃饭她便忙得要命，没法儿出去与友人消遣寻开心。

巨蟹座的母亲是刀子嘴豆腐心，跟很多母亲一样，不太当面夸我们，总数落子女的不足之处，心里却极力护着、帮着、恨不得一切都为我们姐弟俩操持好。

这一年多，弟弟装修房子、筹办婚礼，母亲里里外外忙着，风风火火的。一得空又要搭长途飞机去美国看望我与儿子，一刻不得闲。

弟弟新婚后的第二天，母亲流露失落，一副嫁女儿的不舍模样让我与父亲着实取笑了一番。

母亲是个极为能干又爽朗的人，在外帮着父亲的生意、在内打理家中一切也丝毫不含糊，却依然能做到花枝招展走路带风，是众人眼中的奇女子。

她总会提起在巴西生弟弟的时候，还在中餐馆打工，"挺着个快生的大肚子还一个人翻起几十斤重的圆台面。出外坐公交车，一下车就吐得稀里哗啦。"

父母这一辈白手起家吃的苦，是我们这代人很难想象的。当年肚子里兴风作浪的调皮鬼长成大人娶了妻成了家，在母亲看来，一出月子便带着襁褓中的婴孩外出做生意的日子，如此清晰，仿佛是昨天。

弟弟临睡前与父母道晚安，夜半翻冰箱找夜宵，清晨霸占着洗手间的镜子，现如今一切都令人感到清冷了。过去的日子，是辛苦的、是幸福的，都在记忆里，如这碗酸辣汤般让人念念不忘。

09

藕　夹

上海的冬至日，将近20度，闷热潮湿。听说明天要降温，再不来个彻彻底底的三九严寒，真怀疑这地球要爆炸。

猜想这节气大抵是如此，充满阴森诡异反常的种种。

小时候与姨母一起生活，家庭妇女总有很多民间理论——"冬至前夜早点回家，不然嘴也歪掉。"她总这么叮嘱我，然后讲一些乡下流传的鬼故事。长大了猜想，这"嘴也歪掉"指的是中邪的人看上去面相怪异吧。

无论如何，自小胆子细，一到冬至清明这样的日子绝对不会在外逗留太晚。唏嘘的是，当年指点种种迷信传统的姨母已入了土。每到冬至想起"嘴也歪掉"的理论，心中对故人也甚是怀念。

昨天姑姑差遣表哥送来自己做的藕夹（那是一种两片藕中间夹着厚厚的肉饼，裹了面粉后油炸再红烧的美食）。

不知道是何地特产，祖母在世时会做给我们这些小孩子吃，逢年过节家里聚餐也少不了这道既可做点心也可上桌的菜肴。

祖母是山东人，满族，抗日时期受过日本教育，会讲些日本话。父亲排行倒数，而我自小并未与祖母在一起生活过，只是小时候时常探望她，加上她自我幼年起年纪就挺大了，后来又患了老年痴呆不太记得我，所以对祖母为数不多印象深刻的事，藕夹算得上其一吧。

姑姑做的藕夹很好吃，家里没人做这工序复杂的食物，许久未吃，昨天微波炉加热后一连吃了三个。

"可这味道好像跟奶奶做的不太一样，"东西还没完全咽下，我随口说了句。

"你奶奶做的好像更脆，大概是拿过来凉了又再加热的缘故吧，"母亲竟然认真回答了。

"你也记得奶奶做的藕夹吗？"我以为她要说"那你还吃三个？"

这记忆里的味道，终究是不能完全被实现的。

我最最讨厌的宣传就是"小时候的味道／80后集体的回忆"之类的假情怀套路。我自己都不太清楚小时候的味道是何味道。

我最最怀念的霉干菜烧肉、雪菜肉丝面都出自姨母之手，后来那么多年在外面的店里从未吃到过一样的味道。

后来明白，不是这菜肴有多少秘方，而是你心中已认定，这味道，是随人永埋深土，再也吃不到了。

心中有了既定的剧本，认定的了事，又怎会随随便便找到符合你要求的呢？

因为读了东野圭吾的悬疑小说《嫌疑人X的献身》，很被吸引，于是找到2008年翻拍、由福山雅治出演的电影来看。就电影本身来说，拍得很不错，但是勉强看了小半，实在无法继续。

心里对每个场景、每个人物、每句大致的台词都有了小说中的预设，看片变成审片，根本无法投入。如同这一碗面一道菜，与记忆中的细节处处比较，很难一模一样。

人也一样吧。所以我们总说，要放下过去，才能完完全全投入到新的人和新的生活中去呀。

冬至过后，昼渐长夜渐短，夜不长梦不多，也好。

⑩

小狮子

一个洒满阳光的冷冽午后，父亲把他收藏的小物拿出来擦拭。在一旁无聊，便这里看看那里翻翻。

两对小小的狮子装饰被放在窗檐旁，排排坐，甚是可爱。

闲来无事在朋友圈放了小狮子的照片，一对铜质，一对则是玉制，不是什么价值连城的货色，却也有相当的年份。父亲已想不起何时何地收了这两件，只道玉制的其中一只在颠沛流离中不幸断了个细小的尾巴，是个"残兵"。

朋友圈中有人看了照片来询价，我问他喜欢哪一对，他答"贵的那对"。

玉制的有了残缺，铜制的自然比较贵了。

朋友便要了铜的那对。

父亲小心翼翼包着铜的那对，放在牢固厚重的木盒子里，外面扎上麻绳，是极为老派的包法。

问父亲收藏这两对时的情形。

卖家拿来时，玉制的已经断了尾巴，但价格开的一样高，父亲亦全部接受了。

"有了残缺，或许在市场价格上有了劣势，但从审美的角度看，独一无二，更胜一筹。"

父亲收藏，从家具到杂件，一直以兴趣出发，喜欢便买，把自己当作那每一件的最终归宿，并无想过以后能否出手，除非遇到真正喜欢的有缘人才会转让。

所以，残缺的孤品自然也不在少数。而这种对残缺美的欣赏却不是人人都有。

记得很久以前，有一个自诩喜爱收藏的朋友提出要来父亲这里看看他的杂件，于是安排她去拜访。看中父亲收的一个鼻烟壶，反复端详琢磨，发现了一处很小的磨损。

旧物经历年代变迁，几番易主，有的甚至是从战乱或焚烧中救出，有磨损很是正常不过。

这位朋友反复叨念，"怎么有磨损？太可惜了！没有磨损我就要了。"如此磨蹭了好一会儿离开了。

父亲并无多言。残缺，在各人眼中，各有意味儿。

我自小跟父亲开玩笑说自己眼睛小，中国人要肤白大眼睛似洋娃娃才算美女。现在医美如此昌盛，要不要去拉个双眼皮开个眼角什么的？父亲当然严厉反对。

而我自然也是说笑。各人有各人的特色，这才是真正的美。人人都长成范冰冰或安吉拉宝贝，该是多么毛骨悚然的事情呀。

有一些西方家庭，来国内的孤儿院收留孤儿，全然不介意那些有残缺的儿童，而他们多数是因为生来残疾被亲生父母抛弃的。

儿歌中唱到：两只老虎，两只老虎，真奇怪，真奇怪，一只没有耳朵，一只没有尾巴，真奇怪。

现实中，我们罕有机会遇见缺耳朵断尾巴的小老虎，而世事却都是不完美的。

接受不完美，他们不奇怪，而是独一无二。

11

银　器

西洋的古董杂件中，我最爱的是银器。总觉得洋人做瓷器，远没有中国人历史悠久，自然显得粗糙。木器石器也是如此，比起中国明清时代的雕刻工艺和诗词歌赋赋予的文化底蕴，西洋货是远远不够看的。

而银器，却是独一无二。不论年代如何变迁，西洋银质的小物充满了生活气息，不但做工设计极为精美、容易保存留世，且光是猜猜这各式各样的玩意儿在当时的富贵人家里派什么用场，也趣味横生。

圣路易斯这个地方，据说有很多 old money（你爷爷的爷爷的钱，留到了今天就是老钱了，它的存在不用你开个玛莎拉蒂大肆宣扬，身价在你的举手投足和日常生活的细枝末节就显现了出来）。

　　所以这个美国中部的小城里，很容易找到一些精美的古董银器。

　　过去的一段时间里，没什么目地地收了不少，看着欢喜、好看、有趣，就买了下来，七七八八家里也有了一大堆。有的拿来放放水果面包，有的就布置布置台面，也甚是可爱。

　　一日闲逛，居然看到了一个小件，与之前所收的一个一模一样，心中一激动，也没管价格差了多少，就买了下来回去凑了一对。

　　自从这机缘巧合如获至宝般的碰见了两个成对的银器，我便心生念想，想凑一套古着的银器小件，回家赠予新婚的胞弟。

　　有了这个念想，寻觅银器便有了目的起来。可这一来，发现，难上加难。

　　要知道，除非人家家里原本就保存了一整套类似刀叉餐具这样的银质物件，其他的古董杂件，真的很少有成双成对保存完好的。

　　岁月流逝，一代又一代，遗失的、损坏的、变卖的。原本成双成对的东西大多各奔东西，剩下孤零零的孤品苟延残喘，难以再觅良人了。

　　有个广为流传的说法，每个人生来便被分成两半，终其一生，是要找寻那个另一半，美其名曰 soulmate（灵魂伴侣）。

　　想来真是牵强可笑。真正成双成对的都很难找到彼此，更何况，我们只是孤零零来到这个世界，最后也将孤零零离开的人类。人生在世，如能与匆匆过客相谈甚欢，也应该好好感激涕零一番了。

12

沙发椅

Ladue（美国密苏里州圣路易斯的某个豪宅区）有个豪宅出售，主人家所有的家具也一并不要，标价卖了出来。

去的时候，一眼在客厅的角落里，看到了一把维多利亚时期粉蓝色的沙发椅，漂亮至极，原木色椅背和扶手的花纹精致，静静放在那里，优雅高贵。

很想要这把椅子，标价很贵，于是跟主人家讨价还价了一下。卖家不肯，我便走了。

第二天，仍然念念不忘这把椅子，又上门去拜访，房屋已经被卖掉，只剩男女主人两个在打包，偌大的客厅里大大小小的纸盒子，家具已经卖得所剩无几，空空荡荡。

而我相中的那把椅子，还在那里。我的心竟一下子跳得很快，进门前已经做好了早被卖掉了的打算，心想这样也好，一了百了。

可她还在那里。

主人看我极有诚意便同意折价卖给我，于是欣喜若狂地给了钱、拿了椅子就想装上车带回家。

男主人竟然急急跟了出来，手里拿了一大捆包家具的塑料纸。我虽嘴上不停道谢，但心里觉得这好似没有什么必要，放在后备厢，能有什么损坏？但还是看着他把椅子细细包裹了起来，轻轻抬上车，与我握手道别。

中午的大太阳底下很热，男主人穿着西裤站在有着台阶和门柱的豪宅门口看着我的车离开，看起来有些凄凉。

我已经离弃了你，不管当初花了多大的价钱买下你，与你在一起时我是多么喜欢你呵护你，如今，我已经离弃了你，把你作价卖给了不相识的人。

可是，我仍然希望你被好好珍惜。

人总是有着这种毫无用处的不舍与眷恋，对过去了的人、事、物。

《小王子》中，小王子来到地球上遇到了一只狐狸，狐狸对他说："如果我们成为了朋友，我与你之间就有了某种联系。知道你要来，我便有了期待，连不相干的金色麦穗也变得可爱。也正因如此，道别时我就要难受了。"

　　可也不是所有的东西都有幸得人依恋，多的是贱卖抛售或弃如敝屣。

　　来到一家卖家居饰品的店，欧美此类店铺总是好看得不得了，那些不值钱却也售价不菲的装饰品，在灯光打照和颇有心思的摆设下，可以激起客人强烈的购物欲，统统想搬回家。

　　店铺的一个角落，在 Clearance（清仓甩卖），低贱至2.5折的价格抛售刚刚过去的复活节饰品，兔子、彩蛋这样的装饰。低价甩卖的东西不知是否被施过魔法，看上去总失去原有的光彩，不再如新品般吸引人。

　　复活节的假期才过去一周多的时间，那些卖得不便宜却人人都想要一个来装饰家中增添节日气氛的小兔子们，已经变得无人问津。

　　要等一年之后，才会重新热门起来。

　　幸好每一年的这个时候，你们还有翻盘的机会，不像很多东西，过了，就一去不复返，例如青春、生命和不计回报单纯付出的真心。

13

挂　钟

　　家里买了个老式的挂钟，是那种藏了把钥匙要定时上上发条，让钟摆摆起来的老古董。而这种款式又被称作"报时报刻钟"。也就是说，每15分钟它就会"噔噔噔噔"地提醒你。

　　自从有了它这么兢兢业业的报时功能，我竟觉得时间宝贵了起来，有时发个呆，磨蹭磨蹭，惊觉又一刻钟过去了……

　　很受文艺女青年们追捧的师太亦舒的作品里，曾不止一次的这样描述时间——"时间大神最公平不过，不管当事人是悲是喜，宝贵光阴一样过去，消逝无踪影。"

　　想来颇有道理，所以坦然就好，你开心也好、伤心也好，都会过去的。孩子会长大、你青春不再、父母老去，就是这么无奈又残酷，谁也无法让美好的时光停留。但若悲伤，也无需绝望，因为悲伤也终会过去的。

谁也不知道，你的生命时钟会在哪一刻停摆。

开车在美国的高速公路上，时常会看到被快速行驶的车辆不慎撞死的小动物尸体，有时一连好几天都躺在同一个位置无人来清理。明媚的阳光下，血肉模糊又毛茸茸的小动物，总让人心疼得把眼光转向别处不忍再看。

想来，它们的生命也就在那刹那间，停止了。

最近让人很揪心的新闻，莫过于温州楼塌的瞬间，父母用身体护住六岁的女儿，保住了孩子的命，自己却都死了。古往今来，每遇重大天灾，总有这样的例子。毁灭玛雅文明的火山爆发遗迹中，也有母亲躬起身子护住婴儿的化石出现。

面对突如其来的灾难，我选择用生命去保护我最爱的人。

有时候，也会胡思乱想，若在那种情况下，我也会用生命去护住我的孩子、父母，不假思索地。可是，这毕竟是极少的例子，我们日复一日，年复一年，一刻复一刻地，过着波澜不惊的日子，宝贵的光阴，消逝无影踪。

我们这些普通人，只能在这岁月长河中，尽量活得有滋有味些，把时间浪费在有意义的事情上。

那什么事情又算有意义呢？见仁见智。甲之蜜糖、乙之砒霜。你觉得我要做这个才算不浪费了光阴，我只想回你句"关你屁事"。

让我开心的事，唯独我自己心知肚明。

14

台　灯

　　每次去买画，凡属了画家名字的画作大多标价昂贵。比起那些不知出自谁手的作品，有来历的，总是稍显珍贵。如同武侠小说中有名号的、说得清门派的，总能令江湖上的对手先敬个三分。

　　偶然收得了一个小巧木制的八音首饰盒，1970年代的日本货，丝质盖面上是一幅少女侧脸画像。做工精巧、音质也清脆。

　　打开盒盖，透明的玻璃展示着音乐盒的机械运作。而音乐，则是1973年的二战爱情电影《The Way We Were》(往日情怀)，由 Marvin Hamlisch 谱的乐。浪漫温婉。

　　令八音盒加分不少的则是木制盒底标注的褪色得已经

很难辨识的几个字"A Young Girl Reading"（阅读的年轻女孩）。

有名有姓有故事的小物最最吸引人，不论材质是否昂贵、年代是否久远，他们给人的印象总远远大过奢华炫目却来历不明的东西。

前一阵买过一个古董台灯，铜质镀金的雕塑是一个印度女舞者向上伸展着双臂，舞者面部的五官，服饰、裙摆飞扬的肌理皆被刻画得栩栩如生，很是美妙。

而这盏被命名为"Hindu Dancer"（印度舞者）的古董台灯，是雕塑家 Demetre Chiparus 在 1925 年的作品。

这个生卒于 1886—1947 年的罗马尼亚雕塑家以其装饰艺术复活青铜舞蹈闻名于世，他的雕塑作品突出舞者的永恒之美的时期和时尚。

"Hindu Dancer"这么一个简简单单不带繁复修饰的名字却给了作品生命活力。

在我们生存的世界里，其实一直都追求着有名有分这件事。

孩子出生要有名字，中国的古人不但要名要姓还要有字有号。一个人一件物的存在，若无名无姓就此消失，总让人觉得唏嘘凄凉。

我们也总对与自己姓名有关的事物特别在意。

　　新认识了一个朋友，在他朋友圈少有的照片里发现了好几张他在世界各地拍的照片，竟然都是与他英文名字相同的街道、店招和建筑。这些实则毫无相关的事物，是否让我们觉得特别亲切呢？

　　听说港星余文乐因为名字里有个"乐"字，与广东话 6 的发音相似，所以其所购豪车的车牌皆是 66，也甚为可爱。

　　有的人结婚，希望对方的房产证上加上自己的名字。其实在新立的法律中早已宣告了房子的所属权与房产证上的名字并无直接关联，但也许那份并无实际意义的归属感才是关键。

　　上班的路上被人搭讪，一番交谈过后，出于礼貌（其实是因为长得还不错）交换了彼此的名字。对方说自己叫 Ryan。小孩班上也有个 Ryan，听说长得比他高大却要背，真是个坏孩子。有个挚友也叫 Ryan，学历很高、文艺又内向，跟眼前健谈幽默会主动搭讪路人的 Ryan 一点不像。

　　临睡前看了部黎明 1994 年主演的港产片，吴倩莲在剧中扮演的女主角叫 Jojo，跟我最要好的闺蜜一样。可闺蜜没有电影里的 Jojo 那么为了爱情奋不顾身飞蛾扑火。

　　小孩子班上有人跟他同名，所以两三岁的孩子为了不唤错人，大多数时候要被连名带姓地称呼，也是件酷炫的事。

　　日前结识了一个新朋友，他在存电话的时候说，"你是我认识的唯一的一个 Sophy。"……"是吗？那就不用告诉你我姓什么了，反正不会有第二个 Sophy 打给你。"

小时候去旅行，同团有个男孩子叫 Jerry，他妈妈说因为他很喜欢看《猫和老鼠》，喜欢里面那个 Jerry。

我的中文名里有很多"金"字，总有人问起缘由，答不上来，只能胡扯说大概家人想钱想疯了。

身边的朋友生了孩子，起了诗情画意的名字，也有拗口得无法发音的炫酷洋名。深感奇妙，一个人一出生，就有这么些代号，伴随他一生。随着他长大，这个代号会给旁人带去很多很多的回忆。

名字的确只是一个人代号而已，即便你总想赋予它很多意义，很多不可取代的回忆，很多很多别人对你的寄托。这个世上的我们共享着同样的名字，却截然不同的身世。也有人同时拥有多个名字，她不习惯人唤她英文名，觉得生疏，而有的昵称专属于某人，等等等等。

而有的人，他的事被传来传去，名字就显得一点不重要了。

李宗盛那首《漂洋过海来看你》一日成为饭桌上的话题，一友人说听了很感触，因为他也见过与歌中一样的故事。

我以为说我，一下子紧张起来，但立刻被众人吐槽说

"你是漂了洋过了海，却没有花半年积蓄这样凄惨。"

友人的回忆里是 20 年前他出国留学时认识的一个朋友，那女生在国内的男友为了去看她，苦苦打工存钱，花了半年积蓄。

后来呢？

同桌的人都有些感动，也很好奇那后来。

"大概不好了，这样的故事通常都没什么好结局。"

女生在那个年代留了洋开了眼界，国内的男友再苦苦相恋，存钱供养女友，也不会落什么好下场。

也是，感情就是那么现实那么脆弱。

在我们少不更事时，我们的名字好重要，跟我们的人生一样，总觉得是那么与众不同独一无二，后来，我们长大了，才明白，这世上的人要共享很多东西——相同的名字、现实的残酷、受挫时的孤独无助、庸庸碌碌的人生，以及不可抗拒无力扭转的生老病死。

我们都以为自己很特别，其实都一样。

Chapter V

—Key words：爱情／婚姻

—序语：关于爱情，都只是听说，可谁又舍得

放弃传说中的目眩神迷

01

家家酒

　　餐厅放着一首西班牙语歌，同桌的朋友说起他大学时很短暂交往的一个女友，因为有些西班牙的家庭背景，"疯狂地喜欢这首歌。简直像疯了一样，你难以想象。"朋友说这话时，嘴角噙着笑，不似平日里的呆板模样。

　　就餐还是愉快地继续着，在西班牙语老歌的陪伴下。朋友并无再多提这个女友，旁人也没什么兴致追问。

　　这个迷恋西班牙歌的女友，未必在朋友的过往人生中占有什么重要的位置——有太多过去了的人随着时间流逝，淡得根本记不起来，远比不上今晚吃什么来的上心事。

　　而逝去的感情留下的斑驳痕迹，有时会在一首歌、一个旋律中短暂被记起，那些细枝末节比起在一起的时候，往往更为动人。

有一天，一群人闲聊小孩子很大了还尿床这件事，朋友突然说起前男友小时候也是这样，后来用了吃乌龟这样天方夜谭的偏方治好了。

前男友给女友造成了很多很多的伤害，在一起时经历过的跌宕起伏堪比八点档剧情片般狗血，但时间过去之后，留在女友记忆中的，竟只剩下前男友小时候喝乌龟汤治疗尿床这样荒诞无稽的事情。

微信聊天群里，一个朋友要向另一个单身的女友介绍对象。

"在上海拥有两套房产，有车无贷，离异有个孩子，不过孩子归前妻不那么麻烦。"介绍人不咸不淡地陈述着。

"到了这个年纪好像都走上了重组家庭的路……"女友有些感慨，但还是请介绍人打听一下对方的房产在什么地段，外形长相如何。

有时候好奇，为什么没有人在介绍对象的时候，打听对方喜欢听周杰伦、抑或迈克杰克逊呢？

开个玩笑罢了。我们面对高不可及的房价，连对方的年龄长相身高婚史都可以不计较，他中意粤语经典还是拉丁舞曲，又有何相干呢？

《小王子》中有一段文字一直以来都深深触动我。

　　当你对大人们讲起你的一个新朋友时，他们从来不向你提出实质性的问题。他们从来不讲："他说话声音如何啊？他喜爱什么样的游戏啊？他是否收集蝴蝶标本呀？"他们却问你："他多大年纪呀？弟兄几个呀？体重多少呀？他父亲挣多少钱呀？"他们以为这样才算了解朋友。

　　如果你对大人们说："我看到一幢用玫瑰色的砖盖成的漂亮的房子，它的窗户上有天竺葵，屋顶上还有鸽子……"他们怎么也想象不出这种房子有多么好。必须对他们说："我看见了一幢价值十万法郎的房子。"那么他们就惊叫道："多么漂亮的房子啊！"

　　然而，迟或早，可怜的我们都不得不做个大人，要学习"小孩子才分对错，成年人只谈利弊"这样听着全然不像话的准则去生活。

　　不论多浪漫主义，终究生活在柴米油盐中，不论多现实功利，也终究是个被归为感情动物的人类。也许只有在对过往的回忆中，才会萌生只记起那个人曾爱过的一首歌，那个人的手无论何时都是那样温暖，这样浪漫唯美的细枝末节。

02

非你不可

美剧 Gossip Girl（绯闻女孩）热播那阵以及那阵之后，广大中国"装'girl"认识了一种花——芍药。

是女主人公 Queen B 最爱的花束，拿在又美又时髦又有钱又娇纵的纽约上东区名媛 Blair Waldorf 的手里，这种酷似牡丹的花朵儿真的更"氧气"了。

在电视剧的人设中，主角们总是"最爱"某种食物、某种花、某种颜色，那些偏执使得他们个性鲜明、无可取代。

然而现实中，我们买一种花，往往只因它漂亮，吃一种食物，只因它美味，爱一个人，也没什么特别高级的原因。

可我们却总喜欢把自己的那种喜爱说得独一无二、非它不可。

初秋阳光温暖，明媚得每个人都显得漂亮。礼拜天的早晨又有点无所事事，家里的花快凋谢了，所以去了花店。

花店里有很多花，选了一束向日葵。

我对这种花最深刻的印象来自小时候土得掉渣的语文课本里，把这种向着阳光生长的植物描述得充满正能量。还有几年前，一个叫阳阳的女生在我开艺廊的 opening party 上别出心裁地送了一束向日葵，我想这大概是因为她的名字吧。

反正，今天的向日葵开得挺漂亮的，明亮又精神，很适合放在阳光充足的客厅桌子上。

之所以选择了你，并非你独得我欢心，其实我也可以买别的花。可是，薰衣草家里还有，玫瑰上周买过了总得翻翻花头，郁金香听说放在房间里有毒要掉头发，绣球花很美却不衬我客厅里那个圆口的玻璃花瓶，今天的百合又有点贵。

而你，五支才 $7 的特价显得有些划算。

很多东西都只是用来取悦我们自己的，又何必假装一往情深、非你不可呢?

03

执著之苦

整个上海的人都在等待初雪。而它来或不来，都不会白雪皑皑，亦不会集中供暖。

在中国，南方人的悲哀是穿与不穿，都冷。而雪，下与不下，马照跑，舞照跳。

Costa 的点心里，有一款德式香肠卷，早餐时间若点了中杯的咖啡，原价 18 元的香肠卷，9 元就能买到。

烤箱里加热后的香肠卷，外面裹着脆脆的酥皮，又咸又油又没蔬菜，着实高热量不健康，但那味道却最接近英国当地的 sausage roll（香肠卷）。

在英国求学时，一块钱英镑的汇率当时可兑换 16 块人民币。什么都觉得贵，别说什么高级餐厅、时髦的奢侈品，连剪个头发、每日吃食换算成人民币都是"天价"。

那时同住一起的华人同学，男生都是自己剪头发，晚餐亦聚在一起在厨房做饭，唯有谁生日或过节才会去下馆子庆贺一番。

英国的冬天与上海不相上下，潮湿阴冷，风大得伞也吹坏过好多把。总觉得那些英国人中午不吃热食，冰柜里的冷肉三明治配薯片和冰可乐即可打发一餐。

学校附近的小食店，sausage roll 最便宜，那时 99 便士一个，还是热的，所以和同学都经常吃这个。亦是又咸又油又没蔬菜，可那 20 来岁的年纪，便是与高热量紧紧捆绑毫无畏惧的大好青春。

在英国求学时与我往来最近的同学之一，是一个修读电影字幕翻译的香港女生，比我长了一两岁，性格随和又有趣。我们虽属不同专业，但除了上课就整日在一起，厨房谈心、在外面闲逛、放假了去旅行，也不知一起在寒风中吃过多少个 sausage roll。

那女孩子赴英留学之前，在香港有个男朋友，算得上青梅竹马，读书时代就开始恋爱。

那女生是书香门第，母亲也曾经留学英国。有个亲姐姐，在香港是个新闻主播，还小有名气。姐姐与男友，她与男友，四人常常一起与父母吃饭，那女生每每与我说起这回忆，表情总是很甜。

后来，那男友有了一次出国做交流生的机会。短短一年半载的时间，便按捺不住寂寞，与别的女孩子交往，提出了分手。

初恋分手，都是差不多的戏码——痛彻心扉、不吃不喝不睡、暴瘦。那女生也一样，她选择出国留学，"想看看这留学的日子，究竟是多空虚多寂寞，会轻易忘记家乡的恋人。"

我那时不曾有过任何感情经历，傻乎乎地总跟人聊星座，听那女生这样说，丝毫不能理解。

那女孩子分了手出了国，却从未将那负心的男友放下过。夜半三更不睡觉听歌至天亮，有一次微波炉加热东西，心不在焉地差点把厨房都烧了。

她时常会提起北京的大雪，说出生长大在香港，没有机会看雪，与男友冬天去北京，牵手走在雪地中，如此难忘。

那时，在我眼中，痴心的女子，如此可笑。

现在想来，那男孩子虽谈不上渣男，但也不是什么好东西——分了手亦总要撩拨心碎远走他乡的前女友，发首歌、留个言，做些毫无意义的事，而自己在香港却从未间断过与别的女孩恋爱。

　　我那痴心的朋友，经过了留学时代，再返港工作，生命中亦不曾把那前男友彻底抹去。

　　我们毕业离开英国多年后，她突然来上海探望我，说那男的"今天结婚。"

　　"搞大了别人的肚子，问她来借钱，要结婚了。"

　　我看着她，她看着窗外，两两无语。

　　后来，陪她在上海玩了几天，我们亦不再提那人的事儿。早该过去了，我心中依然觉得她傻，只是我已经能够明白那份痴傻与执著，是不自拔的。

　　朋友力荐我去看《无问西东》，说青春啊、理想啊、热血啊、本善啊！我只说，黄晓明，让我很犹豫。

　　果不其然，作为联合出品人，超多特写镜头让人分分钟出戏，亦一定要为自己加一场大雨中脱上衣的戏，让人无法直视。

　　同去观影的朋友说他抗拒看一切与"文革"相关的影片。

　　"什么《芳华》，黄轩再帅，也统统忽略。"

　　我表示能够理解，那段历史，我们这代人虽不曾经历过，但从父母辈的回忆描述，与相关文献资料中获得的讯息，心中难免感到可怕。

　　母亲说那"文革"时期，她年纪也小，只记得路上有人游街示众，寒风刺骨的大冬天，那极短的鞭子狠狠抽在人脸上。

母亲总会提到抽鞭子的那段，想来在她年幼的心里落下不可磨灭的印象。而我听得多了，亦觉得画面鲜活，如身临其境般不寒而栗。

幸而，影片中讲述60年代章子怡被批斗，是此片唯一与"文革"相关的桥段。

她为中学老师出头，写了封匿名信给老师的悍妇，指责她打老师是不对的行为。被老师的妻子污蔑勾引老师，加上编造小时候与主席合影的事儿，被扣上"反动派""破鞋"的帽子。

那些"善良正直"的老百姓一声"打死她"，便疯狗般群起攻之。

"太可怕了！太可怜了！"影院中，身旁的朋友轻叹道。

而我却觉得，那懦夫老师的悍妻，才是这段故事中最最可怜的人。

她跳井自尽前，回忆的依然是与老师男耕女织相伴到老的美好画面。在那个物资匮乏、人人拮据的年代，辛苦供恋人上大学完成学业，省下粮票给丈夫，自己只吃酱菜泡水度日。而那男人，完成了学业便想悔婚，以死相逼才不得不娶了她之后，对外老好人、对内却是冷暴力。

　　"以前是想跟你过一辈子，但以前是以前，人难道就不能变吗？"

　　这一生，为爱病态执著的人，最是可怜。

　　感情中，付出的同时已经得到了爱恋最美好的全部。是苦是甜，都要懂得放下不甘、放下我执。

04

如人饮水

朋友是个傲娇女，总之不上"品"的东西绝对不入眼，对人、对事物的挑剔程度简直令人发指。突然发了个朋友圈，说遇到个男人可以把人宠上天，"别说不用自己开瓶盖，连车门都打不开了"……

总而言之，浪漫有很多种，女人们爱哪种，老司机们自然心里有数。你待她如公主，16 岁或 61 岁，基本都不会错的。

可是啊可是，老话来了，"过日子的人哪那么多花言巧语，实惠点的才能和你相伴到老。"

等等，这世道，我们为什么要相信"一生一世"这样的蠢话去放弃浪漫这玩意儿？让我们的生活多点甜头，不好吗?

有个不错的对象,分隔重洋后来信要我发点生活近况去看看,心头一热,拍拍天空,发点跟朋友的合照,心想也是蜜运一桩。

对方很快回信,描述自己还是一如既往忙着工作,附件是公司产品图。产品图就产品图,发点爱马仕新款也算投人所好,可下载了半天、大精度照片一点开,硕大的钢筋水泥原材料。

你要生产变形金刚吗?这浪漫,平凡如我,很难消化。

可转头一想,这人也实诚得可爱。天底下花言巧语的男人太多了,口口声声说喜欢你的,说不定私底下同样的话复制粘贴在哄别人。

另一个闺蜜,遇到的男人都能把她宠上天,送花送草温馨接送,总之个个都懂得投其所好。可谈到实质性的问题,个个两手一摊——“很无奈,上海房价太高,结婚路漫漫。”

只会嘴上说爱的男人,那不是爱,是占你便宜。可惜,女人们都傻,听着开心,就愿意相信。

还有个朋友,朋友圈里总发跟老婆的合照,各种表白,一日三餐从不间断。一日偶遇他,便大方夸赞起他来。

“我也没办法,老婆吃这套,不发照片秀恩爱不放我过门。”

瞧瞧，这幸福脆弱得要靠曝光率。所以说秀出来的恩爱水分很大，万万不要觉得人家幸福，真正的好日子都是关起门来过的。

一个人是不是真的喜欢你，不是看他说什么不说什么，也不是看他做了什么讨你欢心的事情。老话说"路遥知马力，日久见人心"，很多时候分手才见人品。男女都是一样的，凭一件两件事无法判断一个人一段关系。

李安昨天在新电影的发布会上说了，一个演员有没有天赋，他离着几米就能闻出来。

可一个人，对你是不是真心，可能跟他生的孩子养到念小学，都不一定看得出来。有的女人，等她看清楚身边那个人的本质时，人生的大半时光已经过去了。所以年轻的女孩，也许你正在为某个渣男哭泣，但试着从这个角度想想，是否值得庆幸呢？

你我能做的唯坦诚相对、问心无愧，对方怎么样，我们左右不了那么多。

05

契约书

过了腊八就是年，虽说大家都在抱怨年味变淡。年前总得跟朋友聚聚，辞旧迎新了嘛。

聚餐热热闹闹，席间闲聊总免不了说说八卦，然后向同桌的单身朋友催催婚什么的。

上海人结婚已少有下聘陪嫁的习俗，抑或者传统已被逐渐淡忘了，大家凑合着办办意思一下就可以了。但除了那些"裸婚"的，领个结婚证什么也不办的，其他的还是有那些杂七杂八的事情吧。

"万紫千红一片绿，万里挑一。"

席间一位朋友突然吟诗作对起来。

原来这是聘礼的某种传统算法——一万张紫的（5 元），

一千张红的是毛爷爷（100元），一张绿的是50元。

聘礼一说在我国很多的地方依然是结婚必须遵守的习俗，条件好点的价位高点，差点的少点，为的就是"人要脸树要皮"的传统。

婚姻是笔大买卖不是吗？要签合同，签合同前要谈条件要协商，有人马马虎虎妥协，有人步步紧逼。

很年轻的时候，偶像剧看多了，觉得真的爱一个人，就是一个汽水罐拉环充当的戒指，也应该点头say yes，什么钻戒鲜花，你俗不俗？后来懂了，汽水罐拉环的求婚肯定是不能过日子的，但几克拉钻戒也未必能幸福。

婚姻也好爱情也好，你若求完美求长久，难免要失望。

人所追求的总是自己没有的，胖胖的男人总对排骨精样貌的女人念念不忘，瘦竹竿男人虽嘴里说你胖，却往往娶了肉嘟嘟的老婆，这虽不是绝对，却大有人在。谈钱谈条件的往往最后发现感情才最重要，要爱情不要面包的可能会迫于现实分手。

婚姻实在太难了，左也不是右也不是，唯有活在当下，珍惜拥有的吧。

06

国　界

　　买了一打未开的百合，期待她们一同盛放的美景。三天
过后，只一朵开得极为烂漫，其他的依旧含苞待放。觉得有
趣的同时，为这朵急着摇曳多姿的感到些许可惜——待大家
一起盛开时，她怕是快要凋谢了吧，到时唯有丢弃这一朵来
维持其他同步绽放的美了。

　　这世间的事也如这花开花谢一般，晚了令人心焦，早了
也未必属来得正好。人世间的爱情也是焦灼，离得近了颇多
垢弊之处，离得远了也未必尽如人意。

　　为了赶上潮流，清晨开车，听说现在国内最热门的综艺
是《中国有嘻哈》，特意换台到了 Hiphop and R&B 频道。

　　可在播的居然是打电话进来倾诉情感问题的节目，一个

男人向主持人诉说着他的困扰。

与女友同居多年，一直住在女友的房子里，他并非没有能力买个房子，只是，一直也没什么契机去改变生活现状。总之你侬我侬的时候，我的就是你的、你的就是我的。吵架的时候，女友说出了"Get out of my house！"（滚出我的房子！）于是男主角的玻璃心哐啷铛碎了一个角。

咦！？ 西方国家跟我们一样唉，男人住女人的房子自尊心也有伤害，吵架时也是有房的那个比较硬气！难道，全世界的硬通货币是 house？

当然全世界的鸡汤也都是一样煲的，主持人的回答也跟我们国内的没有什么两样——"你们要找到感情中的问题，而不是房子……如果可以的话你也去买个房子……"

我们中很多人时常觉得西方人的婚姻和爱情比较国内要纯粹，所谓纯粹，就是爱了就在一起，不爱了就分开，不会过多纠结对方的家庭、婚史、房产这样的问题。中国的婚姻似乎是很复杂的，你不是跟一个人、而是两个家庭的结合，很多地方，结婚要聘礼、过程很繁琐。

然而，全天下的婚姻其实都是一样一样的。相爱容易相处难，所有的爱情但凡落实到油盐酱醋，都会变得油烟味十足。

朋友的朋友，年轻时在国内有着不错的工作，为了圆梦，远嫁一个年纪长了她许多的白人律师。律师结过婚，却没有孩子。女人与他生了孩子，开始了她梦寐以求的美国主妇生活。可律师虽属中产，却处处与女人计较、计较生活上那点鸡毛蒜皮的开销。

有了孩子之后，他认为女人在外上班的收入低于孩子放托儿所的花费，要求女人在家带孩子直到孩子可以上公立的幼儿园。

总之，感情很快破裂了，女人和丈夫的婚姻生活如同室友，各管各吃饭睡觉。女人想离婚，但丈夫恰恰是专打离婚案的律师，虽在西方社会，年幼的孩子大多会判给母亲，但女人无钱无势，为了不失去宝贝女儿，就这么拖着。

生活很不开心，时常在孩子面前吵架，吵完又害怕给年幼的小孩造成心灵创伤而悔恨不已。六岁大的小孩，居然会在妈妈哭泣时，说出"等爸爸死了，我们就能开心生活了"这样令人听了毛骨悚然又揪心的话。

女人终于明白，全天下都是一样的，中国丈夫会觉得你没有工作在家带孩子天经地义，美国丈夫也会。离婚时中国丈夫会跟你抢小孩，美国丈夫也会。

这不是国界，是人性。

听说以前在美国，婚礼由女方出钱，因为结了婚之后女人不工作要靠男人养，所以这是娘家为她花费的最后一笔费用。也听说中国有好些地方娶老婆要下聘礼，但女方也要有陪嫁。

这来来去去的，世间事，不过是场等价交易，差别只是体面不体面而已。

🌑07

垃圾桶

一女友总喜欢在朋友群里说自己男友的不是，不体贴没诚意，鸡毛蒜皮等等等等。大家都是成年人了，当然不会甩你一句"快分手"这样低情商的话过去，总是同她一起在背后声讨声讨男友，一竿子打翻一船人把臭男人们一同骂进，就算劝过了。

忽然，女友收了声，不再诟病男友。

她说自己似乎一夜长大——与其毫无意义地散播生活负能量，把朋友当作情绪垃圾桶，不如搞清楚自己究竟要什么，想过什么生活，把精力放在取舍和接受上。不能忍受便分开，接受了就好好去包容，过好今天的日子。

年轻的女孩子，在感情中总有些患得患失，不自信、不确定，而朋友，便成为了最佳的负能量投放站。

清晰意识到这一点，还是很多年前，尚且年轻稚嫩，总喜欢把感情中的不快，事无巨细点点滴滴告诉朋友。

有一次，下了班，打电话给一个朋友，无聊约个饭，对方没有接电话，后来也没回电。隔了好多天，在很多人聚会的场合遇见，问起，对方直截了当"不想被当成情绪垃圾桶"。

随即恍然大悟，原来倾诉，不是那么讨人喜欢的。究竟是引起共鸣、博得同情、为自己薄弱无力的信心找一些支持，或是其他，自己也不甚明白。后来，时间长了，朋友烦了，自己也烦了，觉得不能再面对朋友，其实，是不能面对那个讨人厌的自己。

另一个朋友，纠结在两个女孩子中间，难以取舍。朋友们帮着分析，鼓励他选 A，他说 B 也有很多好。那就要 B，他说 B 在某方面远不及 A。看客们费尽了唇舌，当事人半夜三更把聊天记录贴到群里让大家帮着分析。

渐渐的，聊天群中，不再有人吱声了。

恋爱是你在谈，没有人能帮你做决定，何苦要连累大家一起心累？其实，倾诉的人心中自有主张，旁人的意见真的左右不了什么。

倾诉的确可以拉近人与人之间的距离——我的心事都讲

给你听了，我们便是交心的朋友了呀。但我们更想跟快乐的人做朋友，处理好自己的感情，快快乐乐地与朋友吃喝玩耍，不强颜欢笑、不无病呻吟，这友情，才会长久。

说穿了，除了自己的父母至亲，没有什么旁人真正在乎你过得好不好。过得好，我们祝福，替你开心。过得不好，一声叹息，仅此而已。这不是消极自私，而是事实，每个人自己才是唯一可以为自己负责的人。

朋友圈中也是一样的，一个从未谋面因工作关系加为好友的人，每天在朋友圈中晒出一些伤感的话，什么"累了，伤透了"。几乎是一日三餐早安晚安的频率在散播不快乐感情生活的负能量。

这是何苦呢？不断提醒自己有多不快乐，或者告诉别人自己有多伤春悲秋。真的，毫无意义。

08

别来爱我

路过超市，想起家里冰箱空空，决定趁着午休去采购点吃的。还未进门，一名店员站在门口问我是否要去买东西。"是的，正要进去买，怎么了？""现在只有两个收银员，等着买单的客人排了长队。对不起，我事先跟您说一下。"

把客人拒之门外的事，真的很少碰到。我点头致谢，但还是推了车子进了超市。果不其然，cashier 的队伍长到了宇宙的尽头。我随便逛了一圈，心中早就打算好不会买任何东西。没有非买不可的东西，也没有必要去浪费这排队的时间。

出门时，感谢了那位负责"拒客"的店员。

生活中，我们需要这样的人，一开始便把话说清楚了——等不起的，不要浪费这个时间。

那些一开始便拒绝你的人总让人扫兴、失望。还没开始呢，就没下文了？可是，扫兴失望是暂时的，在你还未投入任何时间、金钱、感情之前，那份失望短暂得你转眼就会忘记。

我看中一双鞋去 party，店员说早已卖完，不会再进货，我便不会再去那家店浪费我的时间，找寻另一双配我的衣服鞋子，爽爽气气的。他若说帮我找找其他分店是否有货，要我回家等消息，几天后再告诉我没有了。我有了期待，等了几天，说不定还放弃了别的选择，临到派对当天却被告知无货，心中必然更加失望。

当然，这只是一双鞋，也没什么大不了。

可是，在我们的生活中，付出了很多时间和精力最后被告知无果的又何止一双鞋这样简单？

感情中，有很多人，明明一开始就知道不合适或者是不够喜欢对方的，却给了对方很多希望和承诺，"试试看"就像一个吃不到的饼，画了又画。待对方投入了感情、投入了很多期待之后，他或她又好像万般无奈地说不行。

当然，这世上的事不比去一次超市或者买一双鞋，有很多的不能确定不能肯定，的确是两难的。

09

自　由

夏天的时候，朋友送了一个圆形的玻璃缸，里面放了几条彩色的小鱼。可爱至极，家中平添许多生气。

可没多久，小鱼儿就陆陆续续死了。

天气太热，这些鱼本就养不长，等等等等，有很多原因的，却也不那么重要。

本身胆儿极细，发现一条鱼翻了肚皮漂浮在水面，其他鱼在其身旁游来游去毫无察觉的样子，便觉得可怖。小心翼翼拿个勺子撩掉扔掉，就当一切没有发生过。

虽不曾考证，但听说鱼的记忆只有 7 秒那么短，那它的同伴也不会为它的死悲伤吧。

只是偶尔诧异，同一缸水，一样的鱼食，有的怎么就莫名其妙死了，有的却全然无事。

想起闺蜜的前男友总是送鱼给她，再去家里照顾那些小鱼，给每条都起个可爱的名字。小白小红，认了名，失去就难免伤心。

人离开了，也是一样的。在一起的时候，一同吃过的饭、看过的电影、走过的路、说过的话，难免在分离后，成为刺，时不时在心中扎一下。

这些鱼，不知会否觉得失去自由，离开了小溪湖泊，被困在一个小小的玻璃缸子里。

而人，却可以努力选择去到我们想去的地方。

久到忘记多久以前，有人送了套几米的漫画给我，因为我喜欢《向左走向右走》这部电影。只是，包装太精美，又因为我喜欢《向左走向右走》只是为了金城武，这套绘本束之高阁在书架上做摆设，很多年。

小孩子进入 terrible two（可怕的两岁）最大的特征除了翻箱倒柜之外，竟缠着我天天睡前读书给他听。于是随手翻出这套图文并茂、又因为对小孩来说太过哲理深奥而可以尽情胡乱瞎扯的几米漫画。

意外的是，被其中一个故事深深吸引住。

《微笑的鱼》讲的是这样一个故事：

主人公看到一条鱼，总觉得鱼在对他微笑，等待着他深情凝视的瞩目，于是决定带这条鱼回家，放在鱼缸里，清晨到日暮，陪伴着他。

一夜入睡后，他梦见了这条鱼飞了起来，出了家门，穿过熟睡的城市，来到大海。主人公跟着它，跃入蓝色无垠的大海游泳嬉戏。

主人公醒来，决定把鱼放回大海，属于它真正的家，给他自由，同时感叹自己也不过是在一个大鱼缸中生存的人类，不自己、不自由。

这是一个如此令人酸楚的故事，虽然小孩子眼中所见，不过是蓝色的大海、美丽的鱼和那胖胖的主人公略显可笑的睡衣和泳姿。

与一个刚结束了一段多年恋情的朋友闲聊。

"一开始，他总说离不开我，分分钟也想见面，电话要聊至睡意袭来才肯挂断。分手时，他却说这段关系束缚着他，令他不自由，无法呼吸。"

朋友说这话时，竟让我想到了那条鱼的主人。

从梦中醒来，鱼依然在家中的鱼缸里，只是那微笑已然令他心中凄楚，这如猫般贴心、如狗般忠心、如爱人般深情的鱼，他原本以为那微笑是充满爱慕且快乐的，原来并非他所想。

要分手的人总说渴望自由，摆脱上一段恋情的自由，投入到下一段恋情的自由，而那旧时的恋人，就顺理成章地变成了捆绑自由的罪人。

"我何罪之有？当初也是他先说爱我，现在我却变成了令他窒息的罪人？"

"那就给他自由！这世道，给一套市中心的房子还要去筹个千八百万。自由？给他一打，拿去不谢！"

我试着跟朋友开玩笑，说说风凉话。

恋爱中，执拗的那个往往被动，捆绑和付出都是相互的，最后你失去了一切，还落个一无是处。

只是，我们为何不能坦诚地对对方说——激情不在了，我感到倦怠，我变了，想改变，你并无过错，只是我想分手。自由是很美好的事，不应拿来作借口，伤害一个真心爱你的人。

有一年在阿姆斯特丹，一个人去游船河，开船的人从英国来，问他喜欢这儿吗？

他说喜欢，因为自由。

"这地方，连空气都有自由的气味儿。"那个开着船的帅气英国佬说。

"是大麻味儿吧？"我跟他开玩笑。

他大笑了起来，说"大概吧"。

在荷兰，未必人人都会去吸食大麻或夜夜流连红灯区，只是那一切合法合理的自由感，让你觉得心中畅然。不像我们这儿，还没打仗，韩剧已经不能看了。

10

忍

　　错过了午饭时间，将近下午三点在永新坊吃碗港式牛杂面。店面逼仄，位子与位子之间要侧身才能勉强通过。幸好不是饭点，除我以外，只有一对男女在隔壁桌面对面坐着。

　　但这么小的空间，要不听到别桌说什么，真的也是难。

　　男的点的面先上来了，他稀里哗啦吃起来，对桌的女的看看他，低头玩玩手机。等女的点的面上桌时，男的已经吃的差不多。

　　"我这个牛筋倒挺好吃的，你试试。"女的从自己碗里夹牛筋给男的。

　　"好吃吗？我一碗吃不掉的，你还要不要？"

　　这碗面的分量小得我还在寻思要不要再叫一碗，于是不由自主偷瞄了那对男女。

男的埋头吃完，对女的说，"你赶紧的。"

"我才刚吃呢。"女的有些不悦，但口气还是娇嗔。

"今天礼拜几啊？晚了车子要罚款。"

"现在还早。我就吃个饭呀。一会儿我还想去隔壁买个东西好不好？"

女的虽然不悦，但口气依旧很软。

"你差不多得了。我去把车子开上来，你快点吃完出来。"

男的起身出去了。

留下女的一个人，她有些尴尬，便向我望过来。怕被发现偷看，赶忙低头吃我的面。

女的吃的很快，一改刚才文雅的吃相，狼吞虎咽起来。随后很快也出去了。

一餐饭能有多赶？你若真的赶时间，可以选择不要吃。一个人要有多迁就？吃饭只是无伤大雅的事，他也是为了车子不被罚钱，但此时此刻，那女人的心情怎么会好？吃龙肉，都补不回来。

与好友聊起这事儿，开玩笑说，"我若是那女人，我就'翻矛腔'（翻脸）。"

"所以你没有男朋友。"朋友一针见血。

我不要那样的男朋友。

天还没有塌下来，世界末日未到，他并无机会证明死到临头最爱的是她。生活多的只有絮絮叨叨细枝末节，若你做不到，我不要。

女人们，其实很简单，吃饭时，一起聊聊这菜味道如何，闲话家常一番，你吃吃我的牛筋弹不弹，我看看你这细面与我点的粗面到底哪个更好。

生活是很无聊的，但我们想要的只是平凡日子里的互相尊重和理解。

而这却一点都不简单，付出和忍耐的天平若失衡，就是苦不堪言的关系。

朋友要离婚了。听说她要离婚大概是好久之前的事了，男方外面总有人，走马灯般。一对外面的女人昏了头，就回来要离婚，外面的分了，就回来说不离了。这一次，说外面那个是真爱，这婚离定了。朋友并无过错，安心照顾女儿，也认真经营自己。

可惜的是，她不懂，若你已成为这人自由的绊脚石，快快捡点尚存的自尊回来，离开，带女儿过新的生活。这才是正道。

上帝虽说爱是恒久忍耐、包容，可是爱不是委曲求全。

"浪子回头金不换"不适用在人渣身上。

11

轻　生

2016 年 11 月底的某一天，社会新闻铺天盖地都是某地 29 岁女记者为爱轻生的消息。

故事（事故）的套路不算新——婚期将近，原本恩爱到不行天天撒狗粮的未婚夫出轨年轻实习生，女记者想不开，遂跳楼轻生。

卒。

（剧终）

闻者伤心，见者流泪。

她的遗言说"解脱了，祝您们幸福！"

她大概算是某种程度的解脱了吧，但是，活着的，绝不会再有人幸福了。

面对这样的事，一百碗鸡汤可以熬。

"有勇气去死，为何没有勇气活着？／为了不再爱你的男人去死，太不值得！／太可惜了，没有什么过不去的坎儿！／有没有想过生你养你的父母？"

人已经死了，她听不到了，鸡汤毫无意义。

父母亲友伤心欲绝，唯时间能冲淡他们的伤痛，或余生活在痛苦之中。未婚夫和小三将背负一世恶名，幸福快乐与他们再无关系。

对感情里的受害者来说，轻生，是否是最佳的报复行为？

很显然，不失为一个有冲击力的手段。

原本你只是个被背叛的人，这世上每分每秒，类似剧情上演无数出。

东窗事发，旁人会同情你，声讨负心汉。你却无法再挽回这段逝去的恋情，无论是一开始就不合适，还是爱过了现在不爱了，总之他有了新的人，一番拉扯纠缠后，你也要重新开始了。

你跟他的故事，无疑结束了。

但你的心碎出了个宇宙黑洞，你做不出手刃仇人的事，毕竟是爱过的，毕竟杀人犯法是要吃官司的。

唯有去死，事情的因果关系就变得简单明了了——因为他出轨，你很痛苦，苦到无法再活。这样一来，负心汉这一世将被千夫所指，令他生不如死。

听着好像有点痛快。但代价惨重，你的父母兄弟至亲至爱也将痛苦余生。

我做不出来。我若死了，有很多人会伤心。

在那段黑不见底的日子里，夜夜不成眠，被深爱过的人字字句句如利刀般捅向胸口的伤痛、舆论的压力、对未来的恐惧，也曾想过从窗口一跃而下，就此一了百了。

但我终究做不出来，我舍不得我妈哭。

被辜负的人，大可有另外一个选择——接受、放手、重新开始。也许过程很痛苦，生不如死，呼吸都痛。

但毕竟是短暂的。待遇见了另外一个人，开始了另一段感情，过上了新的生活之后，会谢他当年的不娶之恩。不管这个旧人有多好有多坏，生命中多段恋情，哪里不好？

幸福，从来都不是别人给的。婚姻说穿了，互惠互利大过爱情本身。

尚年轻无知、恋爱大过天时，恋情一有个风吹草动，就患得患失，在朋友圈发些"过得好""过得坏"的蠢话。

遇见一友人（男，水瓶座），一语点醒梦中人。

"你过得好，过得不好，离开了的人根本不会在意。你烂醉如泥、自我放纵也好，变得更美更积极也好，都只不过是在感动你自己。"

　　真正的爱，不需要我们用生或死去证明什么。缘来缘去，都是最自然不过的事。

　　多赚点钱，好好吃饭，好好大便，好好睡觉。

12

前　任

好友的前女友突然来问候我。

"多年未见，祝安好！"

失笑，真是好多年了，长久到朋友已经结婚生子过上了平淡幸福的小日子，长久到我几乎已经忘记了这位前女友的名字与长相。

虽然，他们恋爱多年分道扬镳时，身边的朋友亦唏嘘可惜过，包括我。

只是，生活如此，分开了，你有你的生活，我也有我的，也许我嫁的并不好，事业也未见起色，但这一切，早已与我们分手无关了。

我们都容易被生活冲淡记忆。

难道前女友看了《爱乐之城》，一时间沉浸在缅怀前任的情绪中，又不能联系前任，只能给有关联的旁人来句"祝安好"？

《爱乐之城》在洒狗粮的 2017 年情人节档期上映，未映先热，除获奖无数的金身，便是那一篇篇动人的网上推文。

听说不能和现任一起去看此片，因为故事会触及你心里那个柔软的角落，当你哭得稀里哗啦不能自已，身边的现任只想甩个巴掌过来——你心里他妈的在想谁？

前任是多数人不能触及的禁忌，所以《爱乐之城》这部华丽歌舞片裹起"烂俗的前任情怀"——因为某种原因分手成陌路后那份深藏于心底的感怀，把我们一击即中。

可世事之奇妙就在于矛盾，明知已成过往，但那些走过的路说过的话却如同心中的刺青，似永垂不朽。

但很多前任都是不值得怀念的，他们在我们生命中出现的理由，只是来教会你成长的那阵痛。

不要怀念，不要感慨，错的人等同错过的人，都是生命中的路人。

好友的前男友是一位歌手，认识的时候男友在酒吧驻唱，歌声好、有实力，只是这些只是走红的必要非充分条件。当时的出场费听说唱一个晚上仅 300 块人民币。女友在公司上班，贤淑温婉，每天下班后跟男友吃完饭就送他去演出了。

这样的日子持续了好多年，女友为他织毛衣，女友的父母为成长于单亲家庭的男孩子煲汤，男友一直说能够遇见这样的女友是前世修来的福气。

后来歌手参加了选秀活动，一夜爆红，现在已是国内家喻户晓的人物。

爆红后没多久，就和女友分手了。分手细节旁人不清楚，但自此之后，歌手离开了我们的生活圈，只出现在电视上。

几年后，女友在路上偶遇他。歌手开着保时捷，戴着百达翡丽。坊间传言他走红后交往了一个大他十多岁的富婆，住进了无敌江景豪宅。

女友还在公司上班，工作表现好的话，月薪每年涨百分之五，现任是同事，女友不用再下班后送他上班，晚上可以去约会看电影。

女友说，"这没什么，人生到了不同的阶段，我们已经不再适合，分开了，也要看开。"

可这句话说完，竟失声痛哭起来，女友哭了很久，看得旁人也心碎。

道理是说给别人听的，前任在我们心中留下的痛楚，只有我们自己清楚。

前任之所以被称为前任，是有一个光明正大的现任来衬托的。而现任对前任那说不清道不明的复杂介怀，也可说个三天三夜。

只是你否认也罢、再不情不愿也罢，一人挣脱的一人去捡，每一个现任在某种程度上都是前任的代替品。

因为前任脾气不好，所以下一任我希望找一个性格温和的人，前任缺失的，我总想在现任身上获得。前任离开了我，我的感情无处依托，出现了那么一个人，与前任有着几分相似，给予我慰藉，我便很快动了心。

另一个朋友，与前任分手好多年后，遇到了现男友，很顺其自然水到渠成地走在一起。开玩笑问她，"喜欢他什么？"

"他的手肘，与他很像。"

谁也不知道，你身边那个人含情脉脉说爱你的时候，心里是否一晃而过前任的脸，或者手肘。

一男生朋友，现女友总介怀他的皮夹，因为是前任送的。给他买了新的，他没换，还是用着旧皮夹。现任彻底发狂，歇斯底里要分手。"留着前任送的皮夹天天摸进摸出，不是怀念前任是什么？"

男生冤枉，说这皮夹用惯了，大小设计都很合适，就懒得换。现任却不依不饶，上纲上线。

　　皮夹后来的命运没有再去关心，只是，一个人心中所想所念，有时连自己都不能控制，扔掉一个物品能改变多少？

　　约我去看《爱乐之城》的朋友也问我，"你希望前任过得好还是不好？"

　　刚分手时，我开车在路上，偶遇路边有人不幸发生车祸，恍惚间希望那个被车撞的人就是前任。

　　也曾幻想过在某个社交场合偶遇前任，自己必须是极美极绚烂的状态，身边最好挽着吴彦祖。

　　现在，前任过得好也好、坏也好，都不再影响我的情绪。若幸福，祝福；若不幸，天下之大，不幸的人很多，抱歉。

　　生死不过问，才是对前任最好的打开方式。与现任继续甜甜蜜蜜卿卿我我吧，别再想些有的没的了。

　　爱或成功，都讲缘分。

13

错的人

昨日清晨，上海下了今冬第一场雪，窸窸窣窣如面包屑，却刷爆半个朋友圈，可见南方人民的悲苦——没有厚厚的积雪享受一把初雪吃炸鸡或拔剑的浪漫，却要忍受体感负十度的潮湿阴冷。

今年冬天，我比往年平均多穿了一件衣服。并非这个冬天特别冷，而是抗寒能力略有下降，似乎光腿穿短裙在寒风中行走的勇气被岁月无情带走了。

有一些变化，在外人可以察觉出之前，例如逐渐呈现M状的发际线、频频冒出的白发或眼角的细纹，已经开始悄然发生，而你自己是最清楚的那一个。

极适合长吁短叹感慨岁月一去不复返的寒冬，女友诉说了关于不能在一起的那些人，留给她的遗憾。

女友在那个冬天光腿穿短裙的年纪，认识了后来的丈夫。在外人眼里，男的要比女的差了一点，各方面。但女友爱得很投入，不计得失，飞蛾扑火。结了婚，生了孩子，洗手做羹汤，女友也一度以为，这人是她此生的归宿。

当然，都市爱情故事的套路无非如此。孩子两岁那年，男的有了新欢，旧爱便怎么也不顺眼了。

如今这世界，做道德批判毫无意义，人活一世，为自己而活也应当。爱情，亦不该太在乎不切实际的天长地久。

女友大方得体，祝福前任，优雅挥手道别。

可人啊，难免在遭遇错的人之后，回想过去种种，而这过去的种种总有一些错过的人留连忘返。

在她与前任爱得痴缠时，也不乏其他追求者或者聊得甚为投契的所谓蓝颜知己，其中一些也颇为优质。

恢复单身后，一个从未得到过女友回应的人开始频繁嘘寒问暖，节日生日送些小礼物以示心意等等。虽谈不上"吃回头草"，但女友也开始有些纠结"当初若选择了他而非他，是否如今一切都是不同？"

抱着"有个知心好友也不错"的心态，女友开始尝试与这位男士出去吃吃饭聊聊天。交往一段时间之后，朋友们问她有否机会再续前缘？

　　"一开始，我也会想，时间证明了 A 错了，或许当初应该选 B，于是抱着这样蠢蠢欲动和丝丝懊悔去交往，想给自己和别人一点机会。后来事实再次证明，A 的确是错的，而 B 在一开始就不是对的，决定我一早就做了，不是吗？"

　　女友答得利落诚恳。

　　我们难免在遭遇感情不顺时去念想那些错过的人，而之所以错过，大多是两人本就有无法在一起的问题，时间或许会让我们变得更为成熟，但为何不用这样一个更好的自己，去遇见崭新的人呢？

(14)

健身男

跟一位新识的朋友共度了美好的午餐时光。因为对方实在非常帅，所以普普通通的素食三明治也变得特别美味起来。

内心这么主观又不讲道理，真是细思极恐……

虽然化了妆吹了头发又穿了露肩连衣裙，还心机颇重地坐在了逆光的位置，但因为对方身材太好，令我不断自责自己不健身实在是懒得犯了重罪。

点餐的时候，他说吃素。我在猜想一定是有什么宗教信仰。

"两年前，我开始吃素、戒酒、坚持健身，我只想让自己看上去更好。"

我只想问："两年前，你受了什么刺激？"

我又想说："即使受了什么刺激，我也没有真正开始健身。"

虽然自己很懒，但坚持健身的男人我是打从心眼里很欣赏的，不埋怨过往的人更是难得。注重健康、对自己有要求、自律、有毅力、豁达，这些品格简直高贵得要让人感动落泪。

我们每个人都想让自己看上去更好，但对不好的过去，却不是每个人都采取了同等积极美好的态度与方式去面对。

一个女友，一段失败的感情到另一段失败的感情，另一段失败的感情再换到下一段。一样失败，不同的人身上一样的问题，一样的有始无终。

另一个女友，两年来纠结在离婚的漩涡里，苦不堪言，错在对方，她却用不快乐在惩罚自己。

这不是浪费生命又是什么？

正如不丹藏传佛教喇嘛宗萨蒋扬钦哲仁波切在《正见》中所述："了解一切都是无常，就不会攀缘执著；如果不攀缘执著，就不会患得患失。"

朋友们，人生苦短啊！健身、打扮，想想一会儿午休了去吃点什么好东西才是正道啊！

我相信，上天给我们每个人准备的苦难，都是要我们把握住这个机会，改变自己，做更好的自己。

　　而大部分时候，我们并不一定要受什么重大的打击才能焕然一新重新做人。跟一个有趣的人聊个天，喝一杯好的咖啡，吃一顿美食，过一些惬意悠闲的属于自己的时光，都会成就最好的你。

　　待那时，你的世界是围着你转的。

15

嫁　衣

　　中午路遇了一家婚纱店，沿街铺面很小，旧旧的橱窗里只展示了两件款式很简单的婚纱，却被美到驻足。白色纱裙在大太阳的映射下透出圣洁的光。

　　女人一生是否要着一次婚纱才算完整？

　　嫁人，的确是件美好的事。更重要的是，承诺是件极具仪式感的事，要华服承托，要钻戒誓言，要一众亲朋好友和不相干的人见证你人生最最重要的瞬间。

　　十多年前，表姐出嫁，请客礼宾那天，她在家换了一袭红色的套装，简单化了妆就去了。

　　那时的我，对婚礼的印象，不过如此。

　　后来，随着身边友人渐渐出嫁，婚礼也越来越奢华。婚纱美得炫目，仪式有很多套路。

我也曾想过，若有一天披上嫁衣，我只要一件极简的婚纱。

而事实总告诉我们，有没有穿过婚纱、穿怎样的婚纱与幸福其实并无关联。幸福与许多形式上的东西都无必然联系。

几日前与一位刚办理了离婚协议的女友见面，她说去离婚的那天，"民政局的窗口没有排队，工作人员脸色难看似铁板。"

"注册结婚也在相同的地方，那天我们特意挑了好日子带了跟拍摄影师，签字时抬头看钟，正是 10 月 28 日的 10 点 28 分，心中狂喜，觉得怎么那么巧那么好彩头。"女友娓娓道来，七年前的那天似乎还新鲜如昨日。

然而，又怎么样呢？

婚纱这只在惟一场合适用的东西，白色厚重的长裙被蕾丝鱼骨承托着，没有难看的。

也许这就是婚纱的魔力，幸福的咒语。

中国女人近年来被洗脑最多的婚纱 icon 就是华裔设计师 Vera Wang。听说上海新天地店刚开张时居然有 800 块试衣费这样滑稽的事情。去穿 VW 婚纱也许更多地是把钱贴在了脸上。

认识一个婚纱设计师，离了婚，更全情投入工作，每天在朋友圈晒自己的作品和穿她作品的新人，生意越做越大。但不知道客人们知道了她的近况，会否觉得她暂时失去了设计婚纱的资格。这不仅是件漂亮的礼服，而且它承载着幸福。

但也不是，Vera Wang 也单身，勾着鲜肉模特男友。

朋友们，若你出嫁，请只穿一袭简单的婚纱，要隆重地承诺，不管今后能否兑现，只要挚爱的亲友在场，不要为了红包请不熟的人。

因为，日子是自己的。祝你们赌赢，祝你们幸福！

结　语

写作，是一件美妙的事儿。

近十年的记者生涯，写作曾是我赖以为生的事，而真正用心来写作却是从这本书中收录的第一篇文章《一岁半》开始。而完成此书的两年时间里，亦成为了自我疗愈的过程——在一字一句、一个又一个故事的叙述中将过往的伤痛提了又提。而文字的力量予人慰藉，着实不可思议之极。

人生的路，往往不在预期之中，例如生子，例如出书。将来的路，也大多不会在规划之中。

庆幸的是，生命里拥有那么多的爱，那么多值得感谢的人。

一些朋友给了我极大的惊喜，他们明明看上去只像"王者荣耀"的忠粉，却有一天来告诉我某一段文中的话令他很受启发，亦有读者留言说读了某一篇博文令正处于人生低谷的他释然许多。

　　真的很感谢你们!

　　为这本书付出极大心力的可爱的学妹许卓、出版社的编辑们，谢谢你们让这些絮絮叨叨的文字得以以如此有格调的方式与更多人分享。

　　最后，感谢我的母亲——美艳不可方物的司徒女士，谢谢你做我最忠实的读者、最盲目的粉丝、最无条件的支持者。

　　我爱你们!

图书在版编目(CIP)数据

成就渺小而伟大的人生/苏菲儿著. —上海:上
海人民出版社,2018
ISBN 978 - 7 - 208 - 15047 - 8

Ⅰ.①成… Ⅱ.①苏… Ⅲ.①人生哲学-通俗读物
Ⅳ.①B821 - 49

中国版本图书馆 CIP 数据核字(2018)第 043069 号

责任编辑　赵　伟
装帧设计　梁依宁

成就渺小而伟大的人生

苏菲儿　著

出　　版	上海人民出版社	
	(200001　上海福建中路 193 号)	
发　　行	上海人民出版社发行中心	
印　　刷	江阴金马印刷有限公司	
开　　本	787×1092　1/32	
印　　张	9	
插　　页	5	
字　　数	151,000	
版　　次	2018 年 9 月第 1 版	
印　　次	2018 年 9 月第 1 次印刷	

ISBN 978 - 7 - 208 - 15047 - 8/I · 1706

定　　价　48.00 元